全国环境影响评价工程师职业资格考试系列参考资料

环境影响评价技术导则与标准试题解析

（2021 年版）

王晓云　主编

中国环境出版集团·北京

图书在版编目（CIP）数据

环境影响评价技术导则与标准试题解析：2021年版/王晓云主编. —7版. —北京：中国环境出版集团，2021.3
全国环境影响评价工程师职业资格考试系列参考资料
ISBN 978-7-5111-4676-2

Ⅰ. ①环… Ⅱ. ①王… Ⅲ. ①环境影响—评价—资格考试—题解 Ⅳ. ①X820.3-44

中国版本图书馆CIP数据核字（2021）第043401号

出 版 人　武德凯
责任编辑　黄晓燕
文字编辑　王宇洲
责任校对　任　丽
封面设计　宋　瑞

出版发行　中国环境出版集团
（100062　北京市东城区广渠门内大街16号）
网　　址：http://www.cesp.com.cn
电子邮箱：bjgl@cesp.com.cn
联系电话：010-67112765（编辑管理部）
010-67112735（第一分社）
发行热线：010-67125803，010-67113405（传真）
印　　刷　北京中科印刷有限公司
经　　销　各地新华书店
版　　次　2015年3月第1版　2021年3月第7版
印　　次　2021年3月第1次印刷
开　　本　787×960　1/16
印　　张　12
字　　数　220千字
定　　价　37.00元

本 书 编 委 会

主　　编　王晓云

副 主 编　郭治敏　刘玉龙

参编人员　郝　璟　郭　岩　张智锋　刁雨薇

　　　　　雷　芬　杨利芳　冯华伟　刘雪锦

前　言

环境影响评价是我国环境管理制度之一，是从源头上预防环境污染的主要手段。环境影响评价工程师职业资格考试制度是提高环境影响评价水平的一种有效举措，自2005年实施以来，对于整体提高我国环境影响评价从业人员的专业素质起到了很大的推进作用。考试科目设《环境影响评价相关法律法规》《环境影响评价技术导则与标准》《环境影响评价技术方法》《环境影响评价案例分析》共四科，其中前三个科目的考试全部采用客观题，包括单项选择题和不定项选择题。

环境影响评价工程师职业资格考试的历年试题及解答一直是考生所需要的，因为通过对历年试题的学习，考生既可以感性地认识考试命题的风格、各知识点的分值分布、考查的重点及难易程度，还可以锻炼考生的应试思维。

目前，市面上大部分的历年考试试题都是按年份呈现给考生的。但是近年来，我国环境影响评价技术导则与标准更新频繁，每年的考试大纲也都有不小的变化，很多知识点都有更新或删除。如果考生仍然按整套考试试题原封不动地去复习，不仅浪费了考生的宝贵时间，而且还存在被旧知识点误导的可能。因此，我们按照本年度考试大纲的要求，对以往考生提供的历年考试试题进行了加工处理，分类筛选、按模块重新组织了试题，将一些重复的试题适当合并，剔除与现行技术导则与标准不一致的试题，并以新的导则和标准为依据，有针对性地对历年试题进行了解析。但需要说明的是，由于本书是历年考试试题解析，因此无法包含本年度考试大纲中新增加或新变化的内容，这点请考生在学习时要特别注意，因为新增加或新变化的内容一般都会作为下一次考试的重点内容之一。关于这些新增内容，建议可配套《基础过关800题》系列教材一并使用。考生通过练习试题可以巩固已学的知识，同时可以找到自己在系统复习中的不足，查缺补漏。在每学习完一章后，或在复习冲刺阶段检测复习效果时，皆可当作模拟题来使用，是针对复习很有价值的参考资料。

本书可作为环境影响评价工程师考试的辅导材料，并可供高等院校环境科学、环境工程等相关专业教学时参考。

本书是在徐颂老师往年主编图书的基础上完成的，在编写的过程中得到了徐颂老师的精心指导和大力支持，在此表示衷心的感谢。还要感谢中圣环境科技发展有限公司领导和同事在本书编写过程中给予的协助和大力支持。本书编写过程中也参阅了部分国内相关文献和书籍，在此一并感谢。同时感谢中国环境出版集团黄晓燕编辑及其同事们为本书付出的劳动。

尽管我们为本书的编写付出了大量的精力，但由于编者水平有限，本书的内容仍然可能存在疏漏，不足之处在所难免，敬请同行和读者批评指正。编者联系方式：zhifzhang@qq.com。

编　者

2021 年 3 月

目　录

第一章　环境标准体系

引言：该部分内容每年 1～2 题，分值 1～3 分。

一、单项选择题（每题的备选项中，只有一个最符合题意）

1．执行国家综合性污染物排放标准和行业性污染物排放标准应遵循的原则是（　　）。（2011 年考题）

A．优先执行综合性污染物排放标准

B．优先执行行业性污染物排放标准

C．执行两者中排放控制要求较严格的

D．按标准实施时间先后顺序取后者执行

2．关于国家环境标准与地方环境标准之间的关系，说法错误的是（　　）。（2012 年考题）

A．对国家环境质量标准中未作规定的项目，可制定地方环境质量标准

B．对国家环境质量标准中已作规定的项目，不可以制定更严格的地方环境质量标准

C．对国家污染物排放标准中未作规定的项目，可制定地方污染物排放标准

D．对国家污染物排放标准中已作规定的项目，可制定更严格的地方污染物排放标准

3．下列关于环境标准体系的说法，正确的是（　　）。（2013 年、2014 年考题）

A．环境标准体系由国家环境标准和地方环境标准两类标准构成

B．国家环境标准由环境质量标准、污染物排放标准（或控制标准）两类标准构成

C．国家环境质量标准由水、气、土壤三类环境要素的标准构成

D．国家污染物排放标准由行业性排放标准和综合性排放标准两类标准构成

4．按我国环境保护标准体系构成的分类，关于国家环境保护标准的分类，下列说法正确的是（　　）。（2019 年考题）

A．国家环境质量标准、国家污染物排放（控制）标准、国家环境监测类标准、国家环境管理规范类标准和国家环境基础类标准

B．国家环境质量标准、国家污染物排放（控制）标准、国家环境标准样品标准、国家环境管理规范类标准和国家环境基础类标准

C．环境监测分析方法标准、环境监测技术规范、环境监测仪器技术要求、环境标准样品

D．环境质量标准和污染物排放（控制）标准

二、不定项选择题（每题的备选项中至少有一个符合题意）

1．关于地方环境标准制定，说法正确的有（　　）。（2010 年考题）

A．对国家环境质量标准中未作规定的项目，可以制定地方环境质量标准

B．对国家污染物排放标准中未作规定的项目，可以制定地方污染物排放标准

C．对国家环境质量标准中已作规定的项目，可以制定严于国家的地方环境质量标准

D．对国家污染物排放标准中已作规定的项目，可以制定严于国家的地方污染物排放标准

2．关于国家环境标准与地方环境标准关系的说法，正确的是（　　）。（2015 年考题）

A．对于国家环境质量标准未作规定的项目，可以制定地方环境质量标准

B．对于国家环境质量标准已作规定的项目，不得制定地方环境质量标准

C．对于国家污染物排放标准未作规定的项目，可以制定污染物排放标准

D．对于国家污染物排放标准已作规定的项目，不得制定污染物排放标准

参考答案

一、单项选择题

1．B　【解析】国家污染物排放标准分为跨行业综合性排放标准和行业性排放标准。综合性排放标准与行业性排放标准不交叉执行，即有行业性排放标准的执行行业性排放标准，没有行业性排放标准的执行综合性排放标准。

2．B　【解析】《环境保护法》（2014 年）第十五条：省、自治区、直辖市人民政府对国家环境质量标准中未作规定的项目，可以制定地方环境质量标准；对国家环境质量标准中已作规定的项目，可以制定严于国家环境质量标准的地方环境质量标准。地方环境质量标准应当报国务院环境保护主管部门备案。地方污染物排放标准的制定原则与质量标准类似。该题虽然为 2012 年的试题，但还是要按新的规定回答。

3. D 【解析】环境保护标准分为国家环境保护标准和地方环境保护标准。国家环境保护标准包括国家环境质量标准、国家污染物排放（控制）标准、国家环境监测类标准、国家环境管理规范类标准和国家环境基础类标准。

4. A 【解析】国家环境保护标准包括国家环境质量标准、国家污染物排放（控制）标准、国家环境监测类标准（包括环境监测分析方法标准、环境监测技术规范、环境监测仪器技术要求、环境标准样品）、国家环境管理规范类标准和国家环境基础类标准。

二、不定项选择题

1. ABCD 【解析】该考点为高频考点，根据《环境保护法》(2014 年)："省、自治区、直辖市人民政府对国家环境质量标准中未作规定的项目，可以制定地方环境质量标准；对国家环境质量标准中已作规定的项目，可以制定严于国家环境质量标准的地方环境质量标准。""省、自治区、直辖市人民政府对国家污染物排放标准中未作规定的项目，可以制定地方污染物排放标准；对国家污染物排放标准中已作规定的项目，可以制定严于国家污染物排放标准的地方污染物排放标准。"

2. AC 【解析】同上。

第二章　建设项目环境影响评价技术导则　总纲

引言：《建设项目环境影响评价技术导则　总纲》(HJ 2.1—2016)，从2017年开始实施，2017年开始出现相关考题。

一、单项选择题（每题的备选项中，只有一个最符合题意）

1.《建设项目环境影响评价技术导则　总纲》规定的环境影响评价原则不包括（　　）。(2017年考题)

A. 依法评价　　B. 早期介入

C. 科学评价　　D. 突出重点

2. 根据《建设项目环境影响评价技术导则　总纲》，下列工作内容中，不属于分析论证和预测评价阶段工作内容的是（　　）。(2017年考题)

A. 工程分析　　B. 环境现状监测

C. 环境影响预测　　D. 评价工作等级确定

3. 根据《建设项目环境影响评价技术导则　总纲》，环境影响评价因子筛选可不考虑（　　）。(2017年考题)

A. 评价工作等级　　B. 环境保护目标

C. 环境制约因素　　D. 评价标准

4. 根据《建设项目环境影响评价技术导则　总纲》，工程分析中污染源源强核算内容不包括（　　）。(2017年考题)

A. 有组织排放的污染物产生和排放情况

B. 无组织排放的污染物产生和排放情况

C. 事故状况下的污染物产生和排放情况

D. 非正常工况下的污染物产生和排放情况

5. 根据《建设项目环境影响评价技术导则　总纲》，环境现状调查与评价内容不包括（　　）。(2017年考题)

A. 区域污染源调查　　B. 社会环境现状调查与评价

C. 环境保护目标调查　　D. 自然环境现状调查与评价

6. 根据《建设项目环境影响评价技术导则　总纲》，专题环境影响评价技术导

则不包括（　　）。（2018 年考题）

A. 环境风险评价技术导则　　B. 生态影响评价技术导则

C. 人群健康风险评价技术导则　　D. 固体废物环境影响评价技术导则

7. 根据《建设项目环境影响评价技术导则　总纲》，环境影响评价工作等级划分依据不包括（　　）。（2018 年考题）

A. 建设项目特点　　B. 相关法律法规

C. 项目建设周期　　D. 环境功能区划

8. 根据《建设项目环境影响评价技术导则　总纲》，建设项目污染环境影响因素分析内容不包括（　　）。（2018 年考题）

A. 区域环境特征　　B. 工艺环境友好性

C. 工艺过程主要产污节点　　D. 末端治理措施协同性

9. 根据《建设项目环境影响评价技术导则　总纲》，下列情景中，属于建设项目生产运行阶段重点预测情景的是（　　）。（2018 年考题）

A. 非正常工况和事故工况

B. 正常工况和事故工况

C. 正常工况和非正常工况

D. 正常工况、非正常工况和事故工况

10. 根据《建设项目环境影响评价技术导则　总纲》，建设项目环境保护措施的可行性验证内容不包括（　　）。（2018 年考题）

A. 拟采取措施的长期稳定运行和达标排放的可靠性

B. 拟采取措施的技术可行性和经济合理性

C. 生态保护和恢复效果的可达性

D. 拟采取措施的清洁生产水平

11. 根据《建设项目环境影响评价技术导则　总纲》，环境影响因素识别应（　　）分析建设项目对各环境要素可能产生的污染和生态影响，包括有利与不利影响、长期与短期影响、可逆与不可逆影响、直接与间接影响、累积与非累积影响等。（2019 年考题）

A. 定性　　B. 定量

C. 定性、定量　　D. 定性、半定量

12. 根据《建设项目环境影响评价技术导则　总纲》，项目有多个建设方案、涉及环境敏感区或环境影响显著时，应进行建设方案环境比选，建设方案环境比选的重点方面包括（　　）。（2019 年考题）

A. 环境制约因素　　B. 环境保护投资

C. 污染治理措施　　D. 生态保护措施

13. 根据《建设项目环境影响评价技术导则　总纲》，建设项目进行环境现状调查与评价时，充分收集和利用评价范围内各例行监测点、断面或站位的近（　　）年环境监测资料或背景值调查资料。（2019年考题）

A. 1　　B. 3　　C. 5　　D. 20

14. 根据《建设项目环境影响评价技术导则　总纲》，累积影响是指当一种活动的影响与（　　）的影响叠加时造成环境影响的后果。（2020年考题）

A. 过去活动

B. 过去、现在活动

C. 现在、将来可预见活动

D. 过去、现在及将来可预见活动

15. 根据《建设项目环境影响评价技术导则　总纲》，环境影响后果经济损益核算不包括（　　）。（2020年考题）

A. 累积影响　　B. 不利和有利影响

C. 直接影响　　D. 间接影响

16. 根据《建设项目环境影响评价技术导则　总纲》，专题环境影响评价技术导则不包括（　　）。（2020年考题）

A. 环境风险评价技术导则

B. 人群健康风险评价技术导则

C. 土壤环境影响评价技术导则

D. 固体废物环境影响技术导则

二、不定项选择题（每题的备选项中至少有一个符合题意）

1. 根据《建设项目环境影响评价技术导则　总纲》，环境影响因素识别应定性分析建设项目对各环境要素可能产生的污染和生态影响，包括（　　）。（2017年考题）

A. 有利影响　　B. 间接影响

C. 不可逆影响　　D. 非累积影响

2. 根据《建设项目环境影响评价技术导则　总纲》，关于评价方法选取原则的说法，正确的有（　　）。（2017年考题）

A. 应采用定量评价方法

B. 优先采用导则推荐的技术方法

C. 在采用导则已推荐技术方法的情况下，也可采用其他先进技术方法

D. 在采用导则未推荐技术方法的情况下，采用其他方法的，应分析其适用性

3.《建设项目环境影响评价技术导则　总纲》规定采用的环境影响评价识别方法有（　　）。（2018年考题）

A．矩阵法　　B．网络法

C．指数法　　D．地理信息系统支持下的叠加图法

4．根据《建设项目环境影响评价技术导则　总纲》。关于建设项目环境影响预测与评价因子确定的说法，正确的有（　　）。（2018 年考题）

A．应包括反映建设项目特点的生态因子

B．应包括反映区域环境质量状况的生态因子

C．应包括反映建设项目特点的常规、特征污染因子

D．应包括反映区域环境质量状况的主要、特征污染因子

5．根据《建设项目环境影响评价技术导则　总纲》，建设项目环境影响报告书一般包括（　　）。（2019 年考题）

A．建设项目工程分析　　B．环境影响经济损益分析

C．环境管理与监测计划　　D．附录附件

6．根据《建设项目环境影响评价技术导则　总纲》，环境监测计划内容应包括（　　）。（2019 年考题）

A．监测因子、监测频次　　B．监测网点布设

C．监测数据采集与处理　　D．采样分析方法

7．根据《建设项目环境影响评价技术导则　总纲》，环境保护措施及其可行性论证内容包括（　　）。（2019 年考题）

A．拟采取措施的技术可行性、经济合理性

B．拟采取措施的长期稳定运行和达标排放的可靠性

C．拟采取措施的满足环境质量改善和排污许可要求的可行性

D．拟采取措施的生态保护和恢复效果的可达性

参考答案

一、单项选择题

1．B　【解析】选项 B 属《建设项目环境影响评价技术导则　总纲》（HJ 2.1—2016）的原则。

2．D　【解析】选项 D 属于第一阶段的工作内容。

3．A　【解析】根据《建设项目环境影响评价技术导则　总纲》3.5.2，根据建设项目的特点、环境影响的主要特征，结合区域环境功能要求、环境保护目标、评价标准和环境制约因素，筛选确定评价因子。

4．C　【解析】根据《建设项目环境影响评价技术导则　总纲》4.3.1，污染源

源强核算包括有组织与无组织、正常工况与非正常工况下的污染物产生和排放强度，不包括事故状况下。

5. B 【解析】社会环境现状调查与评价在旧总纲有，在 2017 版的总纲中删除了。

6. B 【解析】根据《建设项目环境影响评价技术导则 总纲》3.2，专题环境影响评价技术导则指环境风险评价、人群健康风险评价、环境影响经济损益分析、固体废物等环境影响评价技术导则。

7. C 【解析】根据《建设项目环境影响评价技术导则 总纲》3.6，按建设项目的特点、所在地区的环境特征、相关法律法规、标准及规划、环境功能区划等划分各环境要素、各专题评价工作等级。

8. A 【解析】根据《建设项目环境影响评价技术导则 总纲》4.2.1，污染影响因素分析：遵循清洁生产的理念，从工艺的环境友好性、工艺过程的主要产污节点以及末端治理措施的协同性等方面，选择可能对环境产生较大影响的主要因素进行深入分析。

9. C 【解析】根据《建设项目环境影响评价技术导则 总纲》6.3.1，应重点预测建设项目生产运行阶段正常工况和非正常工况等情况的环境影响。

10. D 【解析】根据《建设项目环境影响评价技术导则 总纲》7.1，环境保护措施及其可行性论证的要求：分析论证拟采取措施的技术可行性、经济合理性、长期稳定运行和达标排放的可靠性、满足环境质量改善和排污许可要求的可行性、生态保护和恢复效果的可达性。

11. A 【解析】根据《建设项目环境影响评价技术导则 总纲》3.5.1，环境影响因素识别应明确建设项目在建设、生产运行、服务期满后（可根据项目情况选择）等不同阶段的各种行为与可能受影响的环境要素间的作用效应关系、影响性质、影响范围、影响程度等，定性分析建设项目对各环境要素可能产生的污染影响与生态影响，包括有利与不利影响、长期与短期影响、可逆与不可逆影响、直接与间接影响、累积与非累积影响等。

12. A 【解析】根据《建设项目环境影响评价技术导则 总纲》3.11，建设项目有多个建设方案、涉及环境敏感区或环境影响显著时，应重点从环境制约因素、环境影响程度等方面进行建设方案环境比选。

13. B 【解析】根据《建设项目环境影响评价技术导则 总纲》5.1.2，充分收集和利用评价范围内各例行监测点、断面或站位的近三年环境监测资料或背景值调查资料。

14. D 【解析】根据《建设项目环境影响评价技术导则 总纲》2.2，累积影响是指当一种活动的影响与过去、现在及将来可预见活动的影响叠加时，造成环境影响的后果。

15．A 【解析】根据《建设项目环境影响评价技术导则　总纲》8 对建设项目的环境影响后果（包括直接和间接、不利和有利影响）进行货币化经济损益分析核算，估算建设项目环境影响的经济价值。

16．C 【解析】根据《建设项目环境影响评价技术导则　总纲》3.2 专题环境影响评价技术导则指环境风险评价、人群健康风险评价、环境影响经济损益分析、固体废物等环境影响评价技术导则。

二、不定项选择题

1．ABCD 【解析】根据《建设项目环境影响评价技术导则　总纲》3.5.1，定性分析建设项目对各环境要素可能产生的污染影响与生态影响，包括有利与不利影响，长期与短期影响、可逆与不可逆影响、直接与间接影响、累积与非累积影响等。

2．BD 【解析】根据《建设项目环境影响评价技术导则　总纲》3.10，环境影响评价应采用定量评价与定性评价相结合的方法，以量化评价为主。环境影响评价技术导则规定了评价方法的，应采用规定的方法。选用非环境影响评价技术导则规定方法的，应根据建设项目环境影响特征、影响性质和评价范围等分析其适用性。

3．ABD 【解析】根据《建设项目环境影响评价技术导则　总纲》3.5.1，环境影响因素识别可采用矩阵法、网络法、地理信息系统支持下的叠加图法等。

4．ABCD 【解析】根据《建设项目环境影响评价技术导则　总纲》6.1.2，预测和评价的因子应包括反映建设项目特点的常规污染因子、特征污染因子和生态因子，以及反映区域环境质量状况的主要污染因子、特殊污染因子和生态因子。

5．ABCD 【解析】建设项目环境影响报告书一般包括概述、总则、建设项目工程分析、环境现状调查与评价、环境影响预测与评价、环境保护措施及其可行性论证、环境影响经济损益分析、环境管理与监测计划、环境影响评价结论和附录附件等内容。

6．ABCD 【解析】根据《建设项目环境影响评价技术导则　总纲》9.4，环境监测计划应包括污染源监测计划和环境质量监测计划，内容包括监测因子、监测网点布设、监测频次、监测数据采集与处理、采样分析方法等，明确自行监测计划内容。

7．ABCD 【解析】根据《建设项目环境影响评价技术导则　总纲》7.1，分析论证拟采取措施的技术可行性、经济合理性、长期稳定运行和达标排放的可靠性、满足环境质量改善和排污许可要求的可行性、生态保护和恢复效果的可达性。

第三章　大气环境影响评价技术导则与相关标准

引言：大气导则和标准合计每年分值为27～35分。《环境影响评价技术导则　大气环境》（HJ 2.2—2018）从2018年12月开始实施。

第一节　环境影响评价技术导则　大气环境

一、单项选择题（每题的备选项中，只有一个最符合题意）

1．根据《环境影响评价技术导则　大气环境》，（　　）属于常规气象资料分析的内容。（2010年考题）

A．气压　　B．低云量

C．能见度　　D．主导风向

2．根据《环境影响评价技术导则　大气环境》，关于气象观测资料调查的基本原则，说法正确的（　　）。（2011年考题）

A．气象观测资料的调查要求与污染物排放情况无关

B．气象观测资料的调查要求与调查的气象观测位置无关

C．气象观测资料的调查要求与评价区域地表特征有关

D．气象观测资料的调查要求与评价区域污染源分布有关

3．根据《环境影响评价技术导则　大气环境》，AERMOD模式不适用于评价范围边长是（　　）km的一级评价项目。（2012年考题）

A．30　　B．40　　C．50　　D．60

4．根据《环境影响评价技术导则　大气环境》，一级评价项目大气污染源点源调查内容不包括（　　）。（2013年考题）

A．排气筒几何高度　　B．排气筒烟气抬升高度

C．排气筒底部中心坐标　　D．排气筒底部海拔

5．根据《环境影响评价技术导则　大气环境》，各级评价项目均应调查的气象观测资料是（　　）。（2013年考题）

A．评价范围20年以上气候统计资料

B．评价范围常规地面气象观测资料

C．评价范围常规高空气象探测资料

D．评价范围中尺度气象模式模拟资料

6．根据《环境影响评价技术导则　大气环境》，下列关于气象观测资料调查与分析的说法，正确的是（　　）。（2014年考题）

A．气象观测资料调查要求与项目的评价等级有关

B．气象观测资料调查要求与评价范围地形复杂程度无关

C．常规气象观测资料只包括常规地面气象观测资料

D．二级评价项目无须进行气象观测资料调查

7．根据《环境影响评价技术导则　大气环境》，下列关于预测因子选择的说法，正确的是（　　）。（2014年考题）

A．预测因子应根据评价因子而定

B．预测因子应根据现状评价因子而定

C．预测因子应选择所有总量控制因子

D．预测因子应选择项目排放的所有污染物

8．根据《环境影响评价技术导则　大气环境》，预测电厂山谷形灰场大气环境影响，其污染源类型可视为（　　）。（2016年考题）

A．点源　　B．面源

C．线源　　D．体源

9．某拟建项目大气环境影响评价工作等级为三级，项目所在区域环境空气质量较好。根据《环境影响评价技术导则　大气环境》，关于该项目大气污染源调查与分析对象的说法，正确的是（　　）。（2016年考题）

A．须调查分析该项目污染源

B．须调查分析评价范围内与该项目排放污染物有关的已建项目污染源

C．须调查分析评价范围内与该项目排放污染物有关的在建项目污染源

D．须调查分析评价范围内与该项目排放污染物有关的拟建项目污染源

10．根据《环境影响评价技术导则　大气环境》，关于气象观测资料调查原则的说法，正确的是（　　）。（2016年考题）

A．气象观测资料的调查要求与评价因子有关

B．气象观测资料的调查要求与评价等级无关

C．气象观测资料的调查要求与评价范围内的地形复杂程度无关

D．各级评价项目均应调查评价范围20年以上的主要气候统计资料

11．根据《环境影响评价技术导则　大气环境》，关于预测因子选择的说法，正

确的是（　　）。(2016年考题)

A. 根据评价因子确定预测因子　　B. 根据评价等级确定预测因子

C. 根据评价范围确定预测因子　　D. 根据预测模型确定预测因子

12. 根据《环境影响评价技术导则　大气环境》，下列大气污染源中，属于体源的是（　　）。(2017年考题)

A. 锅炉烟囱　　B. 化学品储罐

C. 车间屋顶天窗　　D. 城市道路机动车排放源

13. 根据《环境影响评价技术导则　大气环境》，项目排放的下列污染物中可不作为大气环境影响预测评价因子的是（　　）。(2017年考题)

A. 常规污染物

B. 有国家环境质量标准的特征污染物

C. 有地方环境质量标准的特征污染物

D. 无环境质量标准的特征污染物

14. 某建设项目拟建一座锅炉房，根据《环境影响评价技术导则　大气环境》，该项目大气环境影响预测中污染源计算清单内容不包括（　　）。(2017年考题)

A. 烟囱高度　　B. 烟气黑度

C. SO_2排放速率　　D. 颗粒物排放速率

15. 根据《环境影响评价技术导则　大气环境》(HJ 2.2—2018)，大气污染源排放的污染物按存在形式分为（　　）。(2019年考题)

A. 一次污染物和二次污染物　　B. 颗粒态污染物和气态污染物

C. 基本污染物和其他污染物　　D. 直接污染物和间接污染物

16. 根据《环境影响评价技术导则　大气环境》(HJ 2.2—2018)，下列情形不属于非正常排放的是（　　）。(2019年考题)

A. 生产过程中开停车（工、炉）情况下的污染物排放

B. 生产过程中设备检修情况下的污染物排放

C. 污染物排放控制达不到应有效率等情况下的排放

D. 事故状态下的污染物排放

17. 某新建城市快速路包含1.2 km隧道工程，根据《环境影响评价技术导则　大气环境》(HJ 2.2—2018)，按项目（　　）计算其评价等级。(2019年考题)

A. 隧道主要通风竖井及隧道出口排放的污染物

B. 快速路沿线通行车辆尾气

C. 快速路沿线产生的颗粒物及通行车辆尾气

D. 隧道主要通风竖井或隧道出口排放的污染物

18. 位于北方地区的某建设项目，进行环境空气质量现状补充监测，根据《环

境影响评价技术导则　大气环境》(HJ 2.2—2018)，监测时段应根据监测因子的污染特征，选择（　　）进行现状监测。(2019 年考题)

A．取暖期　　B．停暖期

C．冬季　　D．夏季

19．根据《环境影响评价技术导则　大气环境》(HJ 2.2—2018)，环境空气质量现状补充监测，补充监测原则上应取得（　　）有效数据。(2019 年考题)

A．3 d　　B．7 d

C．15 d　　D．一个月

20．根据《环境影响评价技术导则　大气环境》(HJ 2.2—2018)，环境空气质量现状补充监测，监测布点以近 20 年统计的当地主导风向为轴向，在厂址及主导风向下风向（　　）范围内设置 1～2 个监测点。(2019 年考题)

A．1～2 km　　B．3 km

C．5 km　　D．7 km

21．某工业改扩建项目大气环境评价等级为二级，编制环境影响评价报告书。根据《环境影响评价技术导则　大气环境》(HJ 2.2—2018)，以下内容不属于该项目污染源调查的内容是（　　）。(2019 年考题)

A．本项目现有污染源

B．本项目新增污染源

C．拟被替代的污染源

D．受本项目物料及产品运输影响新增的交通运输移动源

22．某“烟塔合一”源大气环境影响评价等级为一级，根据《环境影响评价技术导则　大气环境》(HJ 2.2—2018)，大气环境影响预测适用的模型是（　　）。(2019 年考题)

A．ADMS　　B．AERMOD

C．CALPUFF　　D．AUSTAL2000

23．$\overline{\rho}_{本项目(a)}$ 为本项目对所有网格点的年平均质量浓度贡献值的算数平均值，μg/m^3，$\overline{\rho}_{区域消减(a)}$ 为区域消减污染源对所有网格点的年平均质量浓度贡献值的算数平均值 μg/m^3。根据《环境影响评价技术导则　大气环境》(HJ 2.2—2018)，当无法获得不达标区规划达标年的区域污染源清单或预测浓度时，可按（　　）公式计算实施区域消减方案后预测范围的年平均质量浓度变化率 k。(2019 年考题)

A．$k=[\overline{\rho}_{区域消减(a)}-\overline{\rho}_{本项目(a)}]/\overline{\rho}_{区域消减(a)}\times100\%$

B．$k=[\overline{\rho}_{区域消减(a)}-\overline{\rho}_{本项目(a)}]/\overline{\rho}_{本项目(a)}\times100\%$

C．$k=[\overline{\rho}_{本项目(a)}-\overline{\rho}_{区域消减(a)}]/\overline{\rho}_{区域消减(a)}\times100\%$

D．$k=[\overline{\rho}_{本项目(a)}-\overline{\rho}_{区域消减(a)}]/\overline{\rho}_{本项目(a)}\times100\%$

24. 根据《环境影响评价技术导则　大气环境》（HJ 2.2—2018），关于大气防护距离的确定，下列说法正确的是（　　）。（2019 年考题）

A. 在基本信息底图上标注从厂界起所有超过环境质量短期浓度标准值的网格区域，以自厂界起至超标区域的最远垂直距离作为大气环境防护距离

B. 在基本信息底图上标注从厂界起所有超过环境质量短期浓度标准值的网格区域，以自厂界起至超标区域的最远直线距离作为大气环境防护距离

C. 在基本信息底图上标注从厂界起所有超过污染物排放限值的网格区域，以自厂界起至超标区域的最远垂直距离作为大气环境防护距离

D. 在基本信息底图上标注从厂界起所有超过污染物排放限值的网格区域，以自厂界起至超标区域的最远直线距离作为大气环境防护距离

25. 根据《环境影响评价技术导则　大气环境》（HJ 2.2—2018），估算模型 AERSCREEN 所需参数不包括（　　）。（2019 年考题）

A. 评价区域近 20 年以上最高环境温度

B. 评价区域近 20 年以上最低环境温度

C. 评价区域近 20 年以上地面平均气压

D. 土地利用类型

26. 某大气污染物只有日平均质量浓度限值。根据《环境影响评价技术导则　大气环境》，在判定大气环境影响评价工作等级时，该大气污染物 1 h 平均质量浓度限值取某日平均质量浓度限值的（　　）。（2020 年考题）

A. 1 倍　　B. 2 倍

C. 3 倍　　D. 6 倍

27. 根据《环境影响评价技术导则　大气环境》，补充监测原则上应在污染较重的季节取得（　　）有效数据。（2020 年考题）

A. 7 d　　B. 5 d

C. 3 d　　D. 一次

28. 根据《环境影响评价技术导则　大气环境》，城市环境的评价指标不包括（　　）。（2020 年考题）

A. CO　　B. NO_x

C. O_3　　D. $PM_{2.5}$

29. 根据《环境影响评价技术导则　大气环境》，采用 AERMOD 模型计算的 $PM_{2.5}$ 的浓度为（　　）。（2020 年考题）

A. 一次 $PM_{2.5}$ 质量浓度

B. 二次 $PM_{2.5}$ 质量浓度

C. 一次 $PM_{2.5}$ 质量浓度叠加二次 $PM_{2.5}$ 质量浓度

D．无法判断

30．根据《环境影响评价技术导则　大气环境》，各排放口大气污染物的核算内容不包括（　　）（2020年考题）

A．排放浓度　　B．排放速率

C．排放高度　　D．污染物年排放量

31．根据《环境影响评价技术导则　大气环境》，二级评价项目结果表达内容不包括（　　）。（2020年考题）

A．基本信息底图　　B．项目基本信息图

C．预测结果达标评价表　　D．污染物排放量核算表

32．某项目排放的主要污染物为H_2S、SO_2，最大1 h地面环境质量浓度贡献值占标率分别为3.5%、2.8%，根据《环境影响评价技术导则　大气环境》，关于该项目环境监测计划要求的说法，正确的是（　　）。（2020年考题）

A．应制定SO_2环境质量年度监测计划

B．应制定H_2S环境质量年度监测计划

C．应制定施工阶段环境质量年度监测计划

D．应制定生产运行阶段的污染物监测计划

33．《环境影响评价技术导则　大气环境》推荐的进一步预测模型不包括（　　）。（2020年考题）

A．AERMOD　　B．EDMS

C．AUSTAL2000　　D．AERSCREEN

34．根据《环境影响评价技术导则　大气环境》。火炬源调查内容不包括（　　）。（2020年考题）

A．排气筒出口内径

B．火炬源排放速率

C．排气筒出口处烟气温度

D．火炬等效烟气排放速度

二、不定项选择题（每题的备选项中至少有一个符合题意）

1．处于复杂地形的某项目评价范围边长为60 km。根据《环境影响评价技术导则　大气环境》，适用于该项目大气环境影响预测的模式有（　　）。（2010年考题）

A．估算模式　　B．AERMOD模式

C．ADMS模式　　D．CALPUFF模式

2．某大气环境影响评价工作等级为二级的新建农药项目，建一根30 m高的工艺废气排气筒，根据《环境影响评价技术导则　大气环境》，该项目污染源调查内容

有（　　）。(2011 年考题)

A．排气筒出口处的环境温度

B．排气筒出口内径及烟气出口速度

C．毒性较大物质的非正常排放速率

D．排气筒底部中心坐标及排气筒底部海拔高度

3．根据《环境影响评价技术导则　大气环境》，公路污染源计算清单的内容有（　　）。(2011 年考题)

A．公路高度　　B．公路宽度

C．平均车速　　D．车流量

4．大气评价等级为一级的建设项目，评价范围边长为 30 km，根据《环境影响评价技术导则　大气环境》，环境影响预测应采用的模式有（　　）。(2014 年考题)

A．估算模式　　B．ADMS 模式

C．AERMOD 模式　　D．箱模式

5．根据《环境影响评价技术导则　大气环境》，下列气象参数中，属于地面气象观测资料常规调查内容的有（　　）。(2016 年考题)

A．风向　　B．风速

C．总云量　　D．干球温度

6．根据《环境影响评价技术导则　大气环境》，下列参数中，属于点源调查清单内容的有（　　）。(2016 年考题)

A．烟气黑度　　B．排气筒高度

C．烟气出口速度　　D．烟气出口温度

7．根据《环境影响评价技术导则　大气环境》，估算模式适用于（　　）。(2016 年考题)

A．评价范围的确定　　B．评价等级的确定

C．点源日均浓度的预测　　D．线源最大地面浓度的预测

8．根据《环境影响评价技术导则　大气环境》，下列调查内容中，属于面源调查内容的有（　　）。(2017 年考题)

A．各主要污染物正常排放速率、排放工况、年排放小时数

B．面源起始点坐标及所在位置的海拔

C．面源初始排放高度

D．初始横向扩散参数

9．某建设项目大气环境影响评价等级为二级，根据《环境影响评价技术导则　大气环境》(HJ 2.2—2018)，大气环境影响评价结果表达的图表应包括（　　）。(2019 年考题)

A．基本信息底图　　B．项目基本信息图

C．达标评价结果表　　D．污染物排放量核算表

10．根据《环境影响评价技术导则　大气环境》（HJ 2.2—2018），下列关于大气环境防护距离的确定原则和要求的说法，正确的是（　　）。（2019 年考题）

A．大气环境防护区域应以厂址中心为起点确定

B．项目厂界浓度超标，须调整工程布局，待满足厂界浓度限值后，再核算大气环境防护距离

C．大气环境防护距离是考虑全厂的所有污染源，包括点源、面源、有组织、无组织排放等

D．以自厂界起至超标区域的最远垂直距离作为大气环境防护区域

参考答案

一、单项选择题

1．D

2．C　【解析】气象观测资料的调查要求与项目的评价等级有关，还与评价范围内地形复杂程度、水平流场是否均匀一致、污染物排放是否连续稳定有关。

3．D　4．B

5．A　【解析】对于各级评价项目，均应调查评价范围 20 年以上的主要气候统计资料。

6．A　【解析】气象观测资料的调查要求不仅与项目的评价等级有关，还与评价范围内地形复杂程度、水平流场是否均匀一致，污染物排放是否连续稳定有关。

7．A　【解析】预测因子应根据评价因子而定，选取有环境空气质量标准的评价因子作为预测因子。

8．B

9．A　【解析】根据《环境影响评价技术导则 大气环境》（HJ 2.2—2018），三级评价项目只需调查本项目新增污染源和拟被替代的污染源。

10．D　11．A

12．C　【解析】A 属点源，B 属面源，D 属线源。

13．D　【解析】预测因子根据评价因子而定，选取有环境质量标准的评价因子作为预测因子。

14．B

15．B　【解析】大气污染物分类的方式：大气污染源排放的污染物按存在形

态分为颗粒态污染物和气态污染物。按生成机理分为一次污染物和二次污染物。其中由人类或自然活动直接产生，由污染源直接排入环境的污染物称为一次污染物；排入环境中的一次污染物在物理、化学因素的作用下发生变化，或与环境中的其他物质发生反应所形成的新污染物称为二次污染物。

16．D 【解析】非正常排放：指生产过程中开停车（工、炉）、设备检修、工艺设备运转异常等非正常工况下的污染物排放，以及污染物排放控制措施达不到应有效率等情况下的排放。

17．A 【解析】对新建包含1 km及以上隧道工程的城市快速路、主干路等城市道路项目，按项目隧道主要通风竖井及隧道出口排放的污染物计算其评价等级。

18．A 【解析】环境空气质量现状补充监测的监测时段要求：根据监测因子的污染特征，选择污染较重的季节进行现状监测。北方取暖期一般为11月至第二年3月，有可能为10月至第二年4月，比冬季（一般为3个月）长。

19．B 【解析】环境空气质量现状补充监测原则上应取得7 d有效数据。

20．C 【解析】环境空气质量现状补充监测，监测布点：以近20年统计的当地主导风向为轴向，在厂址及主导风向下风向5 km范围内设置1～2个监测点。

21．D 【解析】不同等级评价项目污染源调查内容：1．一级评价项目，（1）调查本项目不同排放方案有组织及无组织排放源，对于改建、扩建项目还应调查本项目现有污染源。本项目污染源调查包括正常排放和非正常排放，其中非正常排放调查内容包括非正常工况、频次、持续时间和排放量。（2）调查本项目所有拟被替代的污染源（如有），包括被替代污染源名称、位置、排放污染物及排放量、拟被替代时间等。（3）调查评价范围内与评价项目排放污染物有关的其他在建项目、已批复环境影响评价文件的拟建项目等污染源。（4）对于编制报告书的工业项目，分析调查受本项目物料及产品运输影响新增的交通运输移动源，包括运输方式、新增交通流量、排放污染物及排放量。2．二级评价项目，参照一级评价项目第（1）、（2）条调查本项目现有及新增污染源和拟被替代的污染源。注：这里的本项目现有污染源是针对改建、扩建项目而言的，即对于改建、扩建项目还应调查本项目现有污染源。3．三级评价项目，只调查本项目新增污染源和拟被替代的污染源。注意：即使是改建、扩建项目也不调查本项目现有污染源。

22．D 【解析】AUSTAL2000模型：采用拉格朗日粒子随机游走模式，并集成了“烟塔合一”排烟烟气的抬升计算S/P模式，可模拟有巨大潜热的湿烟团在空气中的迁移扩散，适用于冷却塔大气扩散模拟，适用于“烟塔合一”源的一级评价项目。

23．C 【解析】区域环境质量变化评价方法：当无法获得不达标区规划达标年的区域污染源清单或预测浓度场时，也可评价区域环境质量的整体变化情况。按公式计算实施区域消减方案后预测范围的年平均质量浓度变化率 k。当 $k\leqslant -20\%$时，可判定项目建设后区域环境质量得到整体改善。

$$k=\left[\bar{\rho}_{本项目（a）}-\bar{\rho}_{区域消减（a）}\right]/\bar{\rho}_{区域消减（a）}\times 100\%$$

式中：k—— 预测范围年平均质量浓度变化率，%；$\bar{\rho}_{本项目（a）}$—— 本项目对所有网格点的年平均质量浓度贡献值的算术平均值，μg/m^3；$\bar{\rho}_{区域消减（a）}$—— 区域消减污染源对所有网格点的年平均质量浓度贡献值的算术平均值，μg/m^3。

24．A　【解析】大气环境防护距离确定的方法：在底图上标注从厂界起所有超过环境质量短期浓度标准值的网格区域，以自厂界起至超标区域的最远垂直距离作为大气环境防护距离。

25．C　【解析】估算模型 AERSCREEN：模型所需最高和最低环境温度，一般须选取评价区域近 20 年以上资料统计结果；最小风速可取 0.5 m/s，风速计高度取 10 m。见下表估算模型参数表。

参数		取值
城市/农村选项	城市/农村	
	人口数（城市选项时）	
最高环境温度/℃		
最低环境温度/℃		
土地利用类型		
区域湿度文件		
是否考虑地形	考虑地形	□是　　□否
	地形数据分辨率/m	
是否考虑岸线熏烟	考虑岸线熏烟	□是　　□否
	岸线距离/km	
	岸线方向/°	

26．C　【解析】根据《环境影响评价技术导则　大气环境》5.3 评价等级判定，对仅有 8 h 平均质量浓度限值、日平均质量浓度限值或年平均质量浓度限值，可分别按 2 倍、3 倍、6 倍折算为 1 h 平均质量浓度限值。

27．A　【解析】根据《环境影响评价技术导则　大气环境》6.3.1.1 根据监测因子的污染特征，选择污染较重的季节进行现状监测，补充监测应至少取得 7 d 有效数据。

28．B　【解析】根据《环境影响评价技术导则　大气环境》6.4.1.1 城市环境空气质量达标情况评价指标为 SO_2、NO_2、PM_{10}、$PM_{2.5}$、CO 和 O_3，六项污染物全部达标即为城市环境空气质量达标。

29. C 【解析】根据《环境影响评价技术导则 大气环境》8.6.3，采用 AERMOD、ADMS 等模型模拟 $PM_{2.5}$ 时，需将模型模拟的 $PM_{2.5}$ 一次污染物的质量浓度，同步叠加按 SO_2、NO_2、等前体物转化比率估算的二次 $PM_{2.5}$ 质量浓度，得到 $PM_{2.5}$ 的贡献浓度。

30. C 【解析】根据《环境影响评价技术导则 大气环境》8.8.7.3 各排放口排放大气污染物的核算内容包括排放浓度、排放速率及污染物年排放量。

31. C 【解析】根据《环境影响评价技术导则 大气环境》8.9，二级评价结果表达一般应包括基本信息底图、项目基本信息图、污染物排放量核算表的内容。

32. D 【解析】根据该项目排放主要污染物的最大 1 h 地面环境质量浓度贡献值占标率可知，该项目大气环境影响评价工作等级为二级；根据《环境影响评价技术导则 大气环境》9.1.2，二级评价项目应提出项目在生产运行阶段的污染源监测计划。

33. D【解析】根据《环境影响评价技术导则 大气环境》，推荐的进一步预测模型包括 AERMOD、ADMS、AUSTAL2000、EDMS/AEDT、CALPUFF 以及 CMAQ 等光化学模型。AERSCREEN 为估算模式推荐模型。

34. A【解析】根据《环境影响评价技术导则 大气环境》附录 C4.5，火炬源的调查内容有火炬底部中心坐标，以及火炬底部的海拔高度；火炬等效内径；火炬的等效高度；火炬等效烟气排放速度；排气筒出口处的烟气温度；火炬源排放速率等。

二、不定项选择题

1. D 【解析】由于“评价范围边长为 60 km”，大于 50 km，答案只有 D。

2. BCD 【解析】此题就是考查点源调查的内容。

3. ABCD

4. BC 【解析】AERMOD 模式和 ADMS 模式均可用于评价等级为一级、评价范围边长≤50 km 的建设项目环境影响预测。

5. ABCD 6. BCD

7. AB 【解析】估算模式只适用于评价等级和评价范围的确定，只能预测小时浓度。

8. ABC 【解析】选项 D 为体源的调查内容。

9. ABD 【解析】大气环境影响评价结果表达的图表：一级评价应包括：基本信息底图，项目基本信息图，达标评价结果表，网格浓度分布图，大气环境防护区域图，污染治理设施、预防措施及方案比选结果表，污染物排放量核算表。二级评价一般应包括基本信息底图，项目基本信息图，污染物排放量核算表。

10．C　【解析】对于项目厂界浓度满足大气污染物厂界浓度限值，但厂界外大气污染物短期贡献浓度超过环境质量浓度限值的，可以自厂界向外设置一定范围的大气环境防护区域，以确保大气环境防护区域外的污染物贡献浓度满足环境质量标准；大气环境防护区域应包含自厂界起连续的超标范围；对于项目厂界浓度超过大气污染物厂界浓度限值的，应要求削减排放源强或调整工程布局，待满足厂界浓度限值后，再核算大气环境防护距离。在底图上标注从厂界起所有超过环境质量短期浓度标准值的网格区域，以自厂界起至超标区域的最远垂直距离作为大气环境防护距离；大气环境防护距离是考虑全厂的所有污染源，包括点源、面源、有组织、无组织排放等，不单只是面源或无组织排放。

第二节　相关大气环境标准

一、单项选择题（每题的备选项中，只有一个最符合题意）

1．下列废气排放应执行《大气污染物综合排放标准》的是（　　）。（2010 年考题）

A．储油库油气　　　B．金属熔化炉废气

C．尿素干燥塔废气　　　D．生活垃圾焚烧炉废气

2．根据《大气污染物综合排放标准》，某排气筒高 30 m，周围 200 m 半径范围内有一建筑物高 26 m，对该排气筒大气污染物排放限值的要求是（　　）。（2010 年考题）

A．排放浓度、排放速率均执行标准限值

B．排放浓度、排放速率均在标准限值基础上严格 50%

C．排放浓度执行标准限值，排放速率在标准限值基础上严格 50%

D．排放浓度在标准限值基础上严格 50%，排放速率执行标准限值

3．1998 年设立的某包装厂含二甲苯废气的排气筒高 12 m，《大气污染物综合排放标准》规定的二甲苯排放浓度为 70 mg/m^3，15 m 高排气筒对应的最高允许排放速率为 1.0 kg/h，则该排气筒二甲苯排放限值是（　　）。（2010 年考题）

A．排放浓度 70 mg/m^3，排放速率 0.64 kg/h

B．排放浓度 70 mg/m^3，排放速率 0.32 kg/h

C．排放浓度 35 mg/m^3，排放速率 0.64 kg/h

D．排放浓度 35 mg/m^3，排放速率 0.32 kg/h

4．硫黄回收装置尾气焚烧炉排放硫化氢应执行的标准是（　　）。（2010年考题）

A．《恶臭污染物排放标准》　　B．《危险废物焚烧污染控制标准》

C．《大气污染物综合排放标准》　　D．《工业炉窑大气污染物排放标准》

5．根据《恶臭污染物排放标准》，排污单位经排水排出并散发的恶臭污染物浓度必须低于或等于（　　）。（2010年考题）

A．水环境质量标准值　　B．环境空气质量标准值

C．恶臭污染物小时排放量　　D．恶臭污染物厂界标准值

6．《大气污染物综合排放标准》规定的控制指标不包括（　　）。（2011年考题）

A．排气筒中大气污染物最高排放浓度

B．排气筒中大气污染物最高允许排放速率

C．无组织排放监控浓度限值

D．单位产品污染物排放量

7．某生产设施排气筒高33 m，距该排气筒200 m内有一建筑物高30 m，《大气污染物综合排放标准》对应30 m、40 m高排气筒的 SO_2 最高允许排放速率分别为15 kg/h、25 kg/h，该排气筒的 SO_2 排放速率限值是（　　）kg/h。（2011年考题）

A．7.5　　B．9　　C．15　　D．18

8．根据《大气污染物综合排放标准》，无组织排放监控点和参照点的采样时间一般为（　　）。（2011年考题）

A．连续15 min　　B．连续30 min

C．连续45 min　　D．连续1 h

9．下列新建生产设施中，大气污染物排放应执行《大气污染物综合排放标准》的是（　　）。（2011年考题）

A．铅熔炼炉　　B．陶瓷隧道窑

C．火电厂锅炉　　D．火电厂碎煤机

10．根据《恶臭污染物排放标准》，关于恶臭污染物厂界标准值的分级，说法正确的是（　　）。（2011年考题）

A．恶臭污染物厂界标准值按环境空气质量功能区类别分为三级

B．恶臭污染物厂界标准值按现有排污单位和新改扩建排污单位分为二级

C．环境空气质量一类功能区内新建排污单位执行一级标准

D．环境空气质量一类功能区内禁止恶臭污染物排放，二、三类功能区对应执行二级、三级标准

11．下列生产设施中，适用《大气污染物综合排放标准》的是（　　）。（2012年考题）

A．水泥厂煤磨　　B．水泥厂回转窑

C．火电厂锅炉　　　　　　D．火电厂碎煤机

12．根据《大气污染物综合排放标准》，露天煤堆场产生的煤尘应执行的排放指标是（　　）。（2012 年考题）

A．最高允许排放浓度　　　　B．最高允许排放速率

C．无组织排放监控浓度限值　　D．单位面积煤尘排放量限值

13．根据《大气污染物综合排放标准》，新污染源排气筒高度小于 15 m 时，排放速率限值应按（　　）执行。（2012 年考题）

A．外推法计算的最高允许排放速率

B．内插法计算的最高允许排放速率

C．在外推法计算的最高允许排放速率结果的基础上再严格 50%

D．在内插法计算的最高允许排放速率结果的基础上再严格 50%

14．根据《环境空气质量标准》（GB 3095—2012），环境空气污染物基本项目不包括（　　）。（2013 年考题）

A．CO　　B．TSP　　C．PM_{10}　　D．$PM_{2.5}$

15．根据《环境空气质量标准》（GB 3095—2012），SO_2 的 24 h 平均浓度数据每日至少应有（　　）h 平均浓度值或采样时间。（2013 年考题）

A．12　　B．18　　C．20　　D．22

16．下列关于《大气污染物综合排放标准》指标体系的说法，正确的是（　　）。（2013 年考题）

A．有组织排放废气只有最高允许排放速率限值

B．有组织排放废气只有最高允许排放浓度限值

C．无组织排放废气只有最高允许排放速率限值

D．无组织排放废气只有监控浓度限值

17．某新建项目设有一根氯气排气筒，根据《大气污染物综合排放标准》，其排气筒高度不得低于（　　）m。（2013 年考题）

A．15　　B．20　　C．25　　D．30

18．某新建项目含尘废气排气筒高 12 m，《大气污染物综合排放标准》规定的 15 m 高排气筒颗粒物最高允许排放速率为 3.5 kg/h，该排气筒粉尘应执行的最高允许排放速率是（　　）kg/h。（2013 年考题）

A．1.12　　B．1.40　　C．2.24　　D．2.80

19．某垃圾渗滤液处理设施向外散发恶臭气体，根据《恶臭污染物排放标准》，下列关于该设施无组织恶臭污染物达标排放的说法，正确的是（　　）。（2013 年考题）

A．恶臭污染物浓度和臭气浓度都必须低于或等于恶臭污染物厂界标准值

B. 恶臭污染物浓度和臭气浓度都必须低于或等于恶臭污染物排放量标准值

C. 恶臭污染物浓度和臭气浓度都必须低于或等于恶臭污染物排放标准值

D. 恶臭污染物浓度和排放浓度都必须低于或等于恶臭污染物排放标准值

20.《环境空气质量标准》中环境空气功能区分为（　　）。（2014年考题）

A. 一类　　B. 二类　　C. 三类　　D. 四类

21.《环境空气质量标准》中规定的 $PM_{2.5}$ 的24 h平均二级浓度限值是（　　）$\mu g/m^3$。（2014年考题）

A. 15　　B. 35　　C. 75　　D. 150

22. 下列排放源中，适用《大气污染物综合排放标准》的是（　　）。（2014年考题）

A. 炼焦炉　　B. 生活垃圾焚烧炉

C. 苯乙烯储罐　　D. 火电厂灰场

23. 某项目于1995年建成投产，位于环境空气质量一类区，拟对其进行改建。根据《大气污染物综合排放标准》，该改建项目大气污染物最高允许排放速率应执行（　　）。（2014年考题）

A. 新污染源大气污染物排放限值一级标准

B. 新污染源大气污染物排放限值二级标准

C. 现有污染源大气污染物排放限值一级标准

D. 现有污染源大气污染物排放限值二级标准

24. 某排放氯化氢的排气筒高度为30 m，距其190 m处有一高50 m的办公楼。根据《大气污染物综合排放标准》，氯化氢排放速率限值应是（　　）kg/h。（注：30 m和50 m排气筒对应的氯化氢排放速率限值分别为1.40 kg/h和3.80 kg/h）（2014年考题）

A. 0.70　　B. 1.40　　C. 2.60　　D. 3.80

25. 下列污染物中，不属于《恶臭污染物排放标准》控制项目的是（　　）。（2014年考题）

A. 苯　　B. 甲硫醇　　C. 三甲胺　　D. 二硫化碳

26. 根据《环境空气质量标准》（GB 3095—2012），下列污染物中不属于环境空气污染物基本项目的是（　　）。（2015年考题）

A. NO_2　　B. NO_x　　C. PM_{10}　　D. CO

27. 根据《环境空气质量标准》（GB 3095—2012），$PM_{2.5}$ 的手工分析方法是（　　）。（2015年考题）

A. 重量法　　B. 射线法

C. 化学发光法　　D. 微量振荡天平法

28．根据《大气污染物综合排放标准》，关于排放速率标准分级的说法，错误的是（　　）。（2015 年考题）

A．一类区禁止新建、扩建污染源

B．位于一类区的现有污染源改建时执行现有污染源一级标准

C．位于二类区的新建污染源执行新污染源二级标准

D．位于二类区的现有污染源改建时执行现有污染源二级标准

29．某项目有两个二甲苯废气排气筒，高度均为 20 m，间距为 25 m，排放速率分别为 0.6 kg/h 和 0.8 kg/h，根据《大气污染物综合排放标准》，其等效排气筒的高度和二甲苯排放速率分别为（　　）。（2015 年考题）

A．20 m 和 0.7 kg/h　　B．40 m 和 0.7 kg/h

C．20 m 和 1.4 kg/h　　D．40 m 和 1.4 kg/h

30．下列污染物中，属于《恶臭污染物排放标准》控制项目的是（　　）。（2015 年考题）

A．苯　　B．苯胺　　C．二甲胺　　D．三甲胺

31．根据《锅炉大气污染物排放标准》，对燃煤锅炉未作规定的污染物项目是（　　）。（2015 年考题）

A．氟化物　　B．二氧化硫　　C．烟气高度　　D．汞及其化合物

32．根据《锅炉大气污染物排放标准》，对于 14 MW（20 t/h）的燃气锅炉，其烟囱最低允许高度是（　　）m。（2015 年考题）

A．8　　B．15　　C．30　　D．45

33．根据《锅炉大气污染物排放标准》，燃煤锅炉应执行的基准氧含量是（　　）。（2015 年考题）

A．3%　　B．3.5%　　C．6%　　D．9%

34．根据《环境空气质量标准》，下列污染物中，属于环境空气污染物基本项目的是（　　）。（2016 年考题）

A．CO　　B．NO_x　　C．TSP　　D．Pb

35．根据《环境空气质量标准》，$PM_{2.5}$ 年均浓度值数据有效性的说法，正确的是（　　）。（2016 年考题）

A．每年至少有 60 个日均浓度值

B．每年至少有 144 个日均浓度值

C．每年至少有 251 个日均浓度值

D．每年至少有 324 个日均浓度值

36．下列污染物中，其排放适用《大气污染物综合排放标准》的是（　　）。（2016 年考题）

A．水泥窑排放的氮氧化物

B．电镀工艺排放的铬酸雾

C．垃圾填埋场排放的氨气

D．火电厂输煤系统排放的烟尘

37．某新建化工项目氯化氢废气排放筒高 35 m，距该排气筒 150 m 处有 50 m 高建筑物。根据《大气污染物综合排放标准》，新污染源 30 m 和 40 m 排气筒氯化氢最高允许排放速率分别为 1.4 kg/h、2.6 kg/h，则该项目排气筒氯化氢最高允许排放速率为（　　）。（2016 年考题）

A．0.7 kg/h　　B．1.0 kg/h

C．1.3 kg/h　　D．2 kg/h

38．下列项目中，不属于《恶臭污染物排放标准》规定控制项目的是（　　）。（2016 年考题）

A．苯　　B．三甲胺

C．二硫化碳　　D．臭气浓度

39．根据《锅炉大气污染物排放标准》，下列项目中不属于燃气锅炉要求控制的污染物项目是（　　）。（2016 年考题）

A．颗粒物　　B．二氧化硫

C．烟气黑度　　D．汞及其化合物

40．根据《锅炉大气污染物排放标准》，应安装污染物排放自动监控设备的热水锅炉最小容量是（　　）。（2016 年考题）

A．2.8 MW　　B．7 MW

C．14 MW　　D．28 MW

41．根据《环境空气质量标准》，关于环境空气污染物项目分类的说法，正确的是（　　）。（2017 年考题）

A．TSP、PM_{10}、$PM_{2.5}$属于环境空气污染物基本项目

B．B*a*P、氟化物属于环境空气污染物其他项目

C．NO_2、NO_x属于环境空气污染物其他项目

D．CO、O_3属于环境空气污染物基本项目

42．根据《环境空气质量标准》，关于 $PM_{2.5}$ 24 h 平均浓度值数据有效性的说法，正确的是（　　）。（2017 年考题）

A．每日至少有 12 h 平均浓度值或采样时间

B．每日至少有 18 h 平均浓度值或采样时间

C．每日至少有 20 h 平均浓度值或采样时间

D．每日至少有 22 h 平均浓度值或采样时间

43. 下列污染物中，排放管理执行《大气污染物综合排放标准》的是（ ）。（2017 年考题）

A. 水泥窑排放的氮氧化物

B. 火电厂输煤系统排放的颗粒物

C. 铅冶炼装置排放的铅及其化合物

D. 石化企业工艺加热炉排放的颗粒物

44. 受条件限制，某企业拟建的二甲苯废气排气筒高度为 12 m，根据《大气污染物综合排放标准》，新污染源 15 m 高度排气筒对应的最高允许排放速率为 1.0 kg/h，该企业排气筒二甲苯最高允许排放速率为（ ）kg/h。（2017 年考题）

A. 0.32　　B. 0.40

C. 0.64　　D. 0.80

45. 下列污染物中，不属于《恶臭污染物排放标准》规定的控制项目是（ ）。（2017 年考题）

A. 氨　　B. 苯乙烯

C. 氯乙烯　　D. 二硫化碳

46. 根据《锅炉大气污染物排放标准》，下列污染物中，不属于燃煤锅炉要求控制污染物项目的是（ ）。（2017 年考题）

A. 颗粒物　　B. 二氧化硫

C. 汞及其化合物　　D. 铅及其化合物

47. 根据《锅炉大气污染物排放标准》，应安装污染物排放自动监控设备的蒸汽锅炉的最小容量是（ ）。（2017 年考题）

A. 10 t/h　　B. 20 t/h

C. 35 t/h　　D. 40 t/h

48. 根据《环境空气质量标准》，下列污染物中，属于环境空气污染物基本项目类别的是（ ）。（2018 年考题）

A. PM_{10}　　B. TSP

C. NO_x　　D. 氟化物

49.《环境空气质量标准》规定的 NO_2 浓度限值不包括（ ）。（2018 年考题）

A. 1 h 平均浓度限值　　B. 8 h 平均浓度限值

C. 24 h 平均浓度限值　　D. 年平均浓度限值

50.《环境空气质量标准》关于数据统计有效性的说法，正确的是（ ）。（2018 年考题）

A. 为获得 SO_2 年平均浓度数据，每年至少有分布均匀的 60 个日平均浓度值

B. 为获得 $PM_{2.5}$ 24 h 平均浓度数据，每日至少有 18 h 平均浓度值或采样时间

C．为获得 CO 1 h 平均浓度数据，每小时至少有 30 min 的采样时间

D．为获得 O_3 8 h 平均浓度数据，每 8 h 至少有 6 h 平均浓度值

51．下列污染物中，属于《恶臭污染物排放标准》规定的控制项目是（　　）。（2018 年考题）

A．甲硫醚　　B．甲醇　　C．硝基苯　　D．苯胺

52．根据《锅炉大气污染物排放标准》，关于大气污染物排放控制要求的说法，正确的是（　　）。（2018 年考题）

A．使用水煤浆的锅炉参照燃油锅炉控制要求执行

B．燃气锅炉规定了颗粒物、二氧化硫、氮氧化物、汞及其化合物的排放浓度限值

C．省级人民政府可以规定本辖区内执行大气污染物特别排放限值的地域范围、时间

D．新建锅炉房的烟囱周围半径 200 m 距离内有建筑物时，其烟囱应高出周围建筑物 5 m 以上

53．某锅炉房现有燃煤锅炉烟气颗粒物排放限值为 80 mg/m^3，拟扩建一台燃煤锅炉，其烟气颗粒物排放限值执行 50 mg/m^3，受监测点位限制只能对混合后的烟气进行监测。根据《锅炉大气污染物排放标准》，该锅炉房排放烟气颗粒物执行标准限值为（　　）。（2018 年考题）

A．65 mg/m^3　　B．$(80^2+50^2)^{0.5}/2$ mg/m^3

C．50 mg/m^3　　D．$(80^2/2+50^2/2)^{0.5}$ mg/m^3

54．按《环境空气质量标准》（GB 3095—2012）中有关污染物数据统计有效性的规定，TSP 年平均浓度监测，每年至少有分布均匀的（　　）个日平均浓度值。（2019 年考题）

A．15　　B．30　　C．60　　D．9

55．根据《环境空气质量标准》（GB 3095—2012）污染物数据统计有效性的最低要求，下列污染物中，24 h 平均浓度要求每日应有 24 h 采样时间的是（　　）。（2019 年考题）

A．NO_x　　B．SO_2　　C．PM_{10}　　D．Pb

56．根据《环境空气质量标准》（GB 3095—2012），不适合大气环境二类区标准限值的有（　　）。（2019 年考题）

A．农村地区　　B．居住区　　C．文化区　　D．自然保护区

57．根据《大气污染物综合排放标准》，关于排气筒高度及排放速率的有关规定，下列说法正确的是（　　）。（2019 年考题）

A．排气筒高度必须高出周围 200 m 半径范围的建筑 5 m 以上

B．排气筒高度应高出周围 200 m 半径范围内的建筑 3 m 以上，不能达到该要

求的排气筒，应按其高度对应的表列排放速率标准值严格 50%执行

C．新污染源的排气筒一般不应低于 15 m

D．若新污染源的排气筒必须低于 15 m 时，其排放速率标准值按外推计算结果

58．根据《大气污染物综合排放标准》，以下工业点源颗粒物排放应执行《大气污染物综合排放标准》的是（　　）。（2019 年考题）

A．火电厂碎煤机集尘排气筒　　B．协同处置生活垃圾的水泥窑排气筒

C．陶瓷隧道窑烟囱　　D．水泥厂回转窑排气筒

59．根据《恶臭污染物排放标准》，排污单位排放（包括泄露和无组织排放）的恶臭污染物，在排污单位边界上规定监测点（无其他干扰因素）的（　　）都必须低于或等于恶臭污染物厂界标准值。（2019 年考题）

A．月平均监测值　　B．监测总数平均监测值

C．一次最大监测值　　D．日平均监测值

60．根据《恶臭污染物排放标准》，某制药企业排气筒排放甲硫醇应执行的标准是（　　）。（2019 年考题）

A．《恶臭污染物排放标准》　　B．《大气污染物综合排放标准》

C．《危险废物焚烧污染控制标准》　　D．《工业炉窑大气污染物排放标准》

61．根据《锅炉大气污染物排放标准》（GB 13271—2014），燃煤锅炉应执行的基准氧含量是（　　）。（2019 年考题）

A．3%　　B．3.5%　　C．6%　　D．9%

62．根据《锅炉大气污染物排放标准》（GB 13271—2014），关于该标准适用范围的说法错误的是（　　）。（2019 年考题）

A．各种容量的使用油页岩的锅炉，参照本标准中燃煤锅炉排放控制的要求执行

B．单台出力 65 t/h 及以下的煤粉发电锅炉、煤粉供热锅炉执行本标准

C．65 t/h 及以下造纸工业碱回收炉参照本标准中生物质成型燃料锅炉排放控制要求执行

D．单台出力 65 t/h 以上燃气供热锅炉（无发电能）执行《火电厂大气污染物排放标准》（GB 13223—2011）中相应的污染物排放控制要求

63．根据《环境空气质量标准》，铅年平均质量浓度数据有效性判定，每月至少有（　　）。（2020 年考题）

A．分布均匀的 7 个日平均浓度值　　B．分布平均的 5 个日平均浓度值

C．连续分布的 5 个日平均浓度值　　D．连续分布的 7 个日平均浓度值

64．根据《大气污染物综合排放标准》，关于排气筒废气监测采样时间的说法，正确的是（　　）。（2020 年考题）

A．以连续 1 h 的采样获取平均值

B．以连续 8 h 的采样获取平均值

C．以连续 20 h 的采样获取平均值

D．以连续 24 h 的采样获取平均值

二、不定项选择题（每题的备选项中至少有一个符合题意）

1．规定烟囱（排气筒）高度应高出周围半径 200 m 范围内最高建筑物 5 m 以上的标准有（　　）。（2010 年考题）

A．《大气污染物综合排放标准》　B．《恶臭污染物排放标准》

C．《工业炉窑大气污染物排放标准》　D．《锅炉大气污染物排放标准》

2．焦化生产企业应执行的污染物排放标准有（　　）。（2011 年考题）

A．《炼焦炉大气污染物排放标准》　B．《大气污染物综合排放标准》

C．《污水综合排放标准》　D．《恶臭污染物排放标准》

3．根据《恶臭污染物排放标准》，关于排污单位恶臭污染物排放，说法错误的有（　　）。（2011 年考题）

A．在排污单位边界上规定监测点处的一次最大监测值，应符合厂界标准值

B．在排污单位边界上规定监测点处的多次监测均值，应符合厂界标准值

C．排气筒中恶臭污染物的排放量和臭气浓度，应符合排放限值

D．排气筒中恶臭污染物的排放量和排放浓度，应符合排放限值

4．根据《大气污染物综合排放标准》，对于连续性排放源，排气筒中废气的采样应（　　）。（2012 年考题）

A．连续采样 45 min　B．连续采样 1 h

C．在 1 h 内随机采集 4 个样品　D．在 1 h 内等时间间隔采集 4 个样品

5．根据《恶臭污染物排放标准》，判断排污单位恶臭污染物排放是否达标的依据有（　　）。（2012 年考题）

A．厂界恶臭污染物（包括臭气浓度）一次最大监测值

B．厂界恶臭污染物（包括臭气浓度）多次监测均值

C．15 m 以上排气筒恶臭污染物排放量和臭气浓度一次最大监测值

D．15 m 以上排气筒恶臭污染物排放量和臭气浓度多次监测均值

6．《环境空气质量标准》（GB 3095—2012）中规定的臭氧（O_3）浓度限值有（　　）。（2013 年考题）

A．1 h 平均浓度限值

B．日最大 8 h 平均浓度限值

C．24 h 平均浓度限值

D．年平均浓度限值

7．根据《大气污染物综合排放标准》，下列关于采样时间和频次的说法，正确的有（　　）。（2013 年考题）

A．连续排放的排气筒必须连续 1 h 采样获取平均值

B．污染事故排放监测时，采样时间不低于 1 h

C．无组织排放监控点监测采样，一般采用连续 1 h 采样计平均值

D．排放时间小于 1 h 间断排放的排气筒，必须采样几个排放周期，满足采样总时间不低于 1 h 的要求

8．根据《恶臭污染物排放标准》，下列关于恶臭污染物厂界标准值分级的说法，正确的有（　　）。（2013 年考题）

A．一类区内新建项目执行一级标准

B．二类区内新建项目执行二级标准

C．一类区内 1990 年建成投产的项目执行一级标准

D．二类区内 1990 年建成投产的项目执行二级标准

9．根据《大气污染物综合排放标准》，对于排放时间小于 1 h 的间断性排放源，下列关于采样时间和频次的说法，正确的有（　　）。（2014 年考题）

A．连续采样 1 h

B．在排放时段连续采样

C．在排放时段随机采样 2～4 个样品

D．在排放时段内等时间间隔采集 2～4 个样品

10．根据《恶臭污染物排放标准》，判断恶臭污染物排放达标的控制项目有（　　）。（2014 年考题）

A．厂界臭气浓度（量纲一）

B．排放筒中臭气浓度（量纲一）

C．排放筒中恶臭污染物排放浓度（mg/m^3）

D．排放筒中恶臭污染物小时排放量（kg/h）

11．《环境空气质量标准》（GB 3095—2012）中规定的 CO 浓度限值有（　　）。（2015 年考题）

A．1 h 平均浓度限值　　B．日最大 8 h 平均浓度限值

C．24 h 平均浓度限值　　D．年平均浓度限值

12．某工厂甲醛排气筒高度为 10 m，根据《大气污染物综合排放标准》，该工厂甲醛排放应执行的排放限值有（　　）。（2015 年考题）

A．无组织排放速率限值　　B．无组织排放监控浓度限值

C．排气筒最高允许排放浓度限值　　D．排气筒最高允许排放速率限值

13．根据《恶臭污染物排放标准》，判断恶臭污染物达标排放的依据包括（　　）。

（2015 年考题）

A．厂界恶臭污染物浓度一次最大值

B．厂界恶臭污染物浓度多次平均值

C．排气筒（高于 15 m）恶臭污染物排放浓度一次最大值

D．排气筒（高于 15 m）恶臭污染物排放浓度多次平均值

14．根据《环境空气质量标准》，规定的臭氧浓度限值是（　　）。（2016 年考题）

A．1 h 平均浓度限值　　B．24 h 平均浓度限值

C．日最大 8 h 平均浓度限值　　D．年平均浓度限值

15．下列指标中，属于《大气污染物综合排放标准》规定的控制指标有（　　）。（2016 年考题）

A．无组织排放监控点的浓度限值

B．无组织排放监控点的最高允许排放速率

C．通过排气筒排放废气的最高允许排放浓度

D．按排气筒高度规定的最高允许排放速率

16．根据《恶臭污染物排放标准》，排污单位应执行的恶臭污染物控制指标有（　　）。（2016 年考题）

A．厂界臭气浓度

B．厂界恶臭污染物浓度

C．高度在 15 m 以上排气筒排放的臭气浓度

D．高度在 15 m 以上排气筒排放的恶臭污染物浓度

17．《环境空气质量标准》规定 SO_2 浓度限值类型有（　　）。（2017 年考题）

A．1 h 平均浓度限值　　B．24 h 平均浓度限值

C．季平均浓度限值　　D．年平均浓度限值

18．《大气污染物综合排放标准》适用于（　　）。（2017 年考题）

A．锅炉废气排放的控制与管理

B．建筑施工扬尘排放的控制与管理

C．汽车涂装废气排放的控制与管理

D．制浆造纸企业碱炉废气排放的控制与管理

19．根据《环境空气质量标准》，属于环境空气污染物基本项目的是（　　）。（2019 年考题）

A．TSP　　B．氟化物　　C．NO_x　　D．CO

20．根据《大气污染物综合排放标准》，该标准规定了 33 种大气污染物的排放限值，设置了三项指标，这三项指标包括（　　）。（2019 年考题）

A．通过排气筒排放废气的最高允许排放浓度（mg/m^3），无分级排放标准

B．通过排气筒排放的废气，按排气筒高度规定的最高允许排放速率（kg/h），有分级排放标准

C．以无组织方式排放的废气，规定无组织排放的监控点及相应的监控浓度限值（mg/m^3），无分级排放标准

D．以无组织方式排放的废气，规定无组织排放的监控点及相应的最高允许排放速率（kg/h），无分级排放标准

21．根据《锅炉大气污染物排放标准》，下列说法错误的有（　　）。（2019 年考题）

A．新建燃煤锅炉烟囱高度一般不应低于 15 m

B．若新建燃油锅炉烟囱必须低于 8 m 时，其排放速率标准值外推计算结果再严格 50%执行

C．每个新建锅炉房只能设一根烟囱

D．新建锅炉房的烟囱周围半径 200 m 距离内有建筑物时，其烟囱应高出最高 建筑物 3 m 以上，不能达到该要求的排气筒，应按其高度对应的表列排放速率标准值严格 50%执行

22．《环境空气质量标准》中铅的浓度限值包括（　　）。（2020 年考题）

A．季平均质量浓度限值　　B．日最大 8 h 平均质量浓度限值

C．日平均质量浓度限值　　D．年平均质量浓度限值

23．根据《大气污染物综合排放标准》和《环境空气质量标准》，关于污染源执行标准的说法，正确的有（　　）。（2020 年考题）

A．位于一类区的新建污染源应执行一级标准

B．位于一类区的现有污染源改建时应执行现有污染源的一级标准

C．位于二类区的污染源应执行二级标准

D．位于三类区的污染源应执行三级标准

24．根据《恶臭污染物排放标准》，恶臭排污单位执行的标准限值有（　　）。（2020 年考题）

A．厂界臭气浓度限值

B．厂界恶臭污染物浓度限值

C．排气筒排放的臭气浓度限值

D．排气筒排放的恶臭污染物排放量限值

参考答案

一、单项选择题

1．C 【解析】储油库油气执行《储油库大气污染物排放标准》，金属熔化炉废气执行《工业炉窑大气污染物排放标准》，生活垃圾焚烧炉废气执行《生活垃圾焚烧污染控制标准》。

2．C 【解析】根据《大气污染物综合排放标准》，排气筒高度除须遵守表列排放速率标准值外，还应高出周围 200 m 半径范围的建筑 5 m 以上，不能达到该要求的排气筒，应按其高度对应的表列排放速率标准值严格 50%执行。即排放浓度不严格 50%，排放速率需严格 50%。

3．B 【解析】排放浓度不严格 50%，排放速率采用外推法计算后，再严格 50%。

4．A 5．D 6．D

7．B 【解析】首先用内插法计算 33 m 应执行的排放速率，结果为 18 kg/h，但 33 m 不符合“排气筒高度应高出周围 200 m 半径范围的最高建筑 5 m 以上”的要求，因此，需严格 50%。

8．D 9．D

10．A 【解析】《恶臭污染物排放标准》恶臭污染物厂界标准值分三级。排入 GB 3095—2012 中一类区的执行一级标准，一类区中不得建新的排污单位。排入 GB 3095—2012 中二类区的执行二级标准。排入 GB 3095—2012 中三类区的执行三级标准。B、C、D 3 个选项说的都不完整。

11．D 12．C 13．C 14．B 15．C 16．D 17．C

18．A 【解析】用外推法计算，再严格 50%。$(12\div15)^2\times3.5\times50\%=1.12$（kg/h）。

19．A 【解析】某垃圾渗滤液处理设施向外散发恶臭气体是通过液体方式，根据《恶臭污染物排放标准》，排污单位经排水排出并散发的恶臭污染物和臭气浓度必须低于或等于恶臭污染物厂界标准值。

20．B 【解析】《环境空气质量标准》（GB 3095—2012）将环境空气功能区分为两类：一类区和二类区，没有三类区。

21．C

22．D 【解析】炼焦炉适用的标准是《炼焦炉大气污染物排放标准》；生活垃圾焚烧炉废气执行《生活垃圾焚烧污染控制标准》；苯乙烯属于恶臭物质，执行《恶臭污染物排放标准》；《火电厂大气污染物排放标准》中没有关于火电厂灰场的排放标准。

23．C 【解析】根据《大气污染物综合排放标准》，位于一类区的污染源执行一级标准（一类区禁止新、扩建污染源，一类区现有污染源改建执行现有污染源的一级标准）。

24. A 【解析】排气筒高度应高出周围 200 m 半径范围的最高建筑 5 m 以上，不能达到该要求的排气筒，应按其高度对应的表列排放速率标准值严格 50%执行。

25. A 【解析】苯不是恶臭污染物。

26. B 27. A

28. D 【解析】1997 年 1 月 1 日起设立（包括新建、扩建、改建）的污染源执行《大气污染物综合排放标准》表 2 所列标准值。

29. C 【解析】从条件上可知，两个排气筒符合等效的条件。

30. D

31. A 【解析】复习时注意“汞及其化合物”是有此指标的。

32. A 【解析】燃油燃气锅炉不得低于 8 m。

33. D 34. A 35. D 36. D

37. B 【解析】先用内插法计算 35 m 高度的排放速率，然后再严格 50%。

38. A 39. D 40. C 41. D 42. C

43. B 【解析】其他 3 个选项都有相应的行业排放标准。

44. A 【解析】在外推法计算的基础上严格 50%。

45. C 46. D

47. B 【解析】20 t/h 及以上蒸汽锅炉和 14 MW 及以上热水锅炉应安装污染物排放自动监控设备，与环保部门的监控中心联网，并保证设备正常运行。

48. A 【解析】基本项目：二氧化硫（SO_2）、二氧化氮（NO_2）、一氧化碳（CO）、臭氧（O_3）、可吸入颗粒物（PM_{10}）、细颗粒物（$PM_{2.5}$）；其他项目：总悬浮颗粒物（TSP）、氮氧化物（NO_x）、铅（Pb）、苯并[*a*]芘（B*a*P）。

49. B 【解析】《环境空气质量标准》规定了 NO_2 24 h 平均、1 h 平均、年平均浓度限值。规定了臭氧 O_3 1 h 平均、日最大 8 h 平均浓度限值。

50. D 【解析】见《环境空气质量标准》（GB 3095—2012）污染物数据统计有效性的最低要求表。

污染物项目	平均时间	数据有效性规定
SO_2、NO_2、PM_{10}、$PM_{2.5}$、NO_x	年平均	每年至少有 324 个日平均浓度值，每月至少有 27 个日平均浓度值（2 月至少有 25 个日平均浓度值）
SO_2、NO_2、CO、PM_{10}、$PM_{2.5}$、NO_x	24 h 平均	每日至少有 20 h 平均浓度值或采样时间
O_3	8 h 平均	每 8 h 至少有 6 h 平均浓度值
SO_2、NO_2、CO、O_3、NO_x	1 h 平均	每小时至少有 45 min 的采样时间

污染物项目	平均时间	数据有效性规定
TSP、B*a*P、Pb	年平均	每年至少有分布均匀的 60 个日平均浓度值， 每月至少有分布均匀的 5 个日平均浓度值
Pb	季平均	每季至少有分布均匀 15 个日平均浓度值， 每月至少有分布均匀的 5 个日平均浓度值
TSP、B*a*P、Pb	24 h 平均	每日应有 24 h 的采样时间

51．A　【解析】《恶臭污染物排放标准》规定的控制项目有 9 种恶臭污染物（氨、三甲胺、硫化氢、二硫化碳、甲硫醇、甲硫醚、二甲二硫醚、苯乙烯和臭气浓度）；记忆方法："硫化氢硫化碳、苯乙烯来三甲胺，甲硫醇甲硫醚，甲硫醚来是二蛋（二甲二硫醚）、臭气浓度俺（氨）要算"。

52．C　【解析】使用型煤、水煤浆、煤矸石、石油焦、油页岩、生物质成型燃料等的锅炉，参照《锅炉大气污染物排放标准》中燃煤锅炉排放控制要求执行；燃气锅炉规定了颗粒物、二氧化硫、氮氧化物的最高允许排放浓度限值和烟气黑度限值；执行大气污染物特别排放限值的地域范围、时间，由国务院生态环境部或省级人民政府规定；新建锅炉房的烟囱周围半径 200 m 距离内有建筑物时，其烟囱应高出最高建筑物 3 m 以上。

53．C　【解析】不同时段建设的锅炉，若采用混合方式排放烟气，且选择的监控位置只能监测混合烟气中的大气污染物浓度，应执行各个时段限值中最严格的排放限值。

54．C　55．D

56．D　【解析】《环境空气质量标准》（GB 3095—2012）环境空气功能区的分类：一类区为自然保护区、风景名胜区和其他需要特殊保护的区域；二类区为居住区、商业交通居民混合区、文化区、工业区和农村地区。环境空气质量标准分为二级：一类区执行一级浓度限值；二类区执行二级浓度限值。

57．C　【解析】《大气污染物综合排放标准》排气筒高度及排放速率的有关规定：排气筒高度除须遵守《大气污染物综合排放标准》列出的排放速率标准值外，还应高出周围 200 m 半径范围的建筑 5 m 以上，不能达到该要求的排气筒，应按其高度对应的表列排放速率标准值严格 50%执行。新污染源的排气筒一般不应低于 15 m。若新污染源的排气筒必须低于 15 m 时，其排放速率标准值按外推计算结果再严格 50%执行。

58．A　【解析】《火电厂大气污染物排放标准》污染物控制项目只针对锅炉或者机组，不包括灰场、输煤系统、碎煤机、备煤车间破碎机排气筒，火电厂灰场、输煤系统、碎煤机、备煤车间破碎机排气筒执行《大气污染物综合排放标准》；陶瓷隧道窑执行《陶瓷工业污染物排放标准》（GB 25464—2010），火电厂锅炉执行《火电厂大气污染物排放标准》；水泥厂煤窑、水泥厂回转窑、水泥厂石灰石矿山开采破碎机排气筒执行《水泥工业大气污染物排放标准》。根据《水泥窑协同处置固体废物污染控制标准》（GB 30485—2013），当水泥窑协同处置生活垃圾时，若掺加生活垃圾的质量超过入窑（炉）物料总质量的 30%，应执行《生活垃圾焚烧污染控制标准》。

59．C 【解析】《恶臭污染物排放标准》排污单位排放（包括泄漏和无组织排放）的恶臭污染物，在排污单位边界上规定监测点（无其他干扰因素）的一次最大监测值（包括臭气浓度）都必须低于或等于恶臭污染物厂界标准值。

60．A 【解析】《恶臭污染物排放标准》规定的控制项目为 8+1 污染因子：氨、三甲胺、硫化氢、二硫化碳、甲硫醇、甲硫醚、二甲二硫醚、苯乙烯、臭气浓度，无氯乙烯。

61．D 【解析】各类燃烧设备的基准氧含量按燃煤锅炉 9%、燃油、燃气锅炉 3.5%的规定执行。

62．B 【解析】标准的适用范围：（1）本标准适用于以燃煤、燃油和燃气为燃料的单台出力 65 t/h 及以下蒸汽锅炉、各种容量的热水锅炉及有机热载体锅炉；各种容量的层燃炉、抛煤机炉，使用型煤、水煤浆、煤矸石、石油焦、油页岩、生物质成型燃料等的锅炉，参照本标准中燃煤锅炉排放控制要求执行。本标准不适用于以生活垃圾、危险废物为燃料的锅炉。燃气导热油炉执行此标准。（2）单台出力 65 t/h 以上除层燃炉、抛煤机炉外的燃煤、燃油、燃气锅炉，无论其是否发电，均应执行《火电厂大气污染物排放标准》（GB 13223—2011）中相应的污染物排放控制要求。煤粉发电锅炉不管容量多大都执行《火电厂大气污染物排放标准》。单台出力 65 t/h 及以下燃煤、燃油、燃气发电锅炉，以及 65 t/h 及以下煤粉供热锅炉执行《锅炉大气污染物排放标准》（GB 13271—2014）的污染物排放控制要求。（3）造纸制浆过程中产生的黑液包含有机物（主要成分为木素、半纤维素等）和无机物，经蒸发浓缩后通过碱回收炉将其燃烧，产生蒸汽或发电。考虑到碱回收炉与一般燃煤发电锅炉的差异性，以及目前工艺技术现状与氮氧化物排放实际情况，65 t/h 以上碱回收炉可参照《火电厂大气污染物排放标准》（GB 13223—2011）中现有循环流化床火力发电锅炉的排放控制要求执行；65 t/h 及以下碱回收炉参照《锅炉大气污染物排放标准》（GB 13271—2014）中生物质成型燃料锅炉的排放控制要求执行。

63．B 【解析】根据《环境空气质量标准》年平均质量浓度数据每月至少有分布平均的 5 个日平均浓度值。

64．A 【解析】根据《大气污染物综合排放标准》8.2.1，排气筒中废气的采样以连续 1 h 的采样获取平均值；或在 1 h 内，以等时间间隔采集 4 个样品并计平均值。

二、不定项选择题

1．A 【解析】《工业炉窑大气污染物排放标准》和《锅炉大气污染物排放标准》规定："应高出周围半径 200 m 范围内最高建筑物 3 m 以上。"《恶臭污染物排放标准》没有相应的规定。

2．ABCD

3．BD 【解析】排气筒排放的恶臭污染物没有"排放浓度"，因此选项 D 是错误的。

4．BD 【解析】排气筒中废气的采样应连续采样 1 h 或在 1 h 内等时间间隔采集 4 个样品，并计平均值。

5．AC

6．AB 【解析】《环境空气质量标准》（GB 3095—2012）中规定的臭氧（O_3）浓度限值有些特殊，需记住。

7．AC 【解析】选项 D 的正确说法是：若某排气筒的排放为间断排放，排放时间大于 1 h，则应在排放时段内按排气筒中废气的要求采样，以连续 1 h 的采样获取平均值；或在 1 h 内，以等时间间隔采集 4 个样品，并计平均值。

8．BCD 【解析】该标准限值是分段执行相应的限值。1994 年 6 月 1 日前建成投产的项目，有一级标准之说。

9．BD 【解析】若某排气筒的排放为间断性排放，排放时间小于 1 h，应在排放时段内实行连续采样，或在排放时段内以等时间间隔采集 2～4 个样品，并计平均值。

10．ABD 【解析】注意，排放筒也有臭气浓度（量纲为 1）控制项目。

11．AC

12．CD 【解析】排气筒高度低于 15 m，需按外推法重新计算最高允许排放速率限值，并在外推计算结果的基础上再严格 50%执行。

13．A 【解析】排污单位排放（包括泄漏和无组织排放）的恶臭污染物，在排污单位边界上规定监测点的一次最大监测值。有组织排放源采样频率应按生产周期确定监测频率，生产周期在 8 h 以内的，每 2 h 采集一次，生产周期大于 8 h 的，每 4 h 采集 1 次，取其最低测定值。

14．AC

15．ACD 【解析】3 个指标体系中没有要求无组织排放监控点的最高允许排放速率。

16．ABC 【解析】排放筒只有恶臭污染物的排放量。

17．ABD 【解析】该题考查《环境空气质量标准》中不同污染物的浓度限值类型。

18．BC 【解析】环境保护部函（环函〔2014〕124 号），65 t/h 以上碱回收炉可参照《火电厂大气污染物排放标准》（GB 13223—2011）中现有循环流化床火力发电锅炉的排放控制要求执行；65 t/h 及以下碱回收炉参照《锅炉大气污染物排放标准》

（GB 13271—2014）中生物质成型燃料锅炉的排放控制要求执行。

19．D 【解析】基本项目：二氧化硫（SO_2）、二氧化氮（NO_2）、一氧化碳（CO）、臭氧（O_3）、可吸入颗粒物（PM_{10}）、细颗粒物（$PM_{2.5}$）；其他项目：总悬浮颗粒物（TSP）、氮氧化物（NO_x）（以 NO_2 计）、铅（Pb）、苯并[a]芘（BaP）。

20．ABC 【解析】《大气污染物综合排放标准》规定了 33 种大气污染物的排放限值，设置了三项指标：（1）通过排气筒排放废气的最高允许排放浓度（mg/m^3），无分级排放标准；（2）通过排气筒排放的废气，按排气筒高度规定的最高允许排放速率（kg/h），有分级排放标准，任何排气筒必须同时遵守上述两项指标，超过其中任何一项均为超标排放。（3）以无组织方式排放的废气，规定无组织排放的监控点及相应的监控浓度限值（mg/m^3），无分级排放标准。

21．ABCD 【解析】每个新建燃煤锅炉房只能设一根烟囱，烟囱高度应根据锅炉房装机总容量，按表 4 规定执行，燃油、燃气锅炉烟囱不低于 8 m，锅炉烟囱的具体高度按批复的环境影响评价文件确定。新建锅炉房（新建燃煤、燃油和燃气锅炉房）的烟囱周围半径 200 m 距离内有建筑物时，其烟囱应高出最高建筑物 3 m 以上。注意：高度必须够，没有排放浓度标准值严格 50%执行一说。

表 4 燃煤锅炉房烟囱最低允许高度（注意：1 t/h 相当于 0.7 MW）

锅炉房装机总容量	MW	<0.7	0.7～<1.4	1.4～<2.8	2.8～<7	7～<14	≥14
	t/h	<1	1～<2	2～<4	4～<10	10～<20	≥20
烟囱最低允许高度	m	20	25	30	35	40	45

22．AD 【解析】该题考查《环境空气质量标准》中不同污染物的浓度限值类型。

22．BC 【解析】根据《大气污染物综合排放标准》第 5 条，位于一类区的污染源执行一级标准（一类区禁止新、扩建污染源，一类区现有污染源改建时执行现有污染源的一级标准）；位于二类区的污染源执行二级标准；位于三类区的污染源执行三级标准。但根据《环境空气质量标准》（GB 3095—2012），环境空气功能区分为两类：一类区为自然保护区、风景名胜区和其他需要特殊保护的区域；二类区为居住区、商业交通居民混合区、文化区、工业区和农村地区。因此选项 D 也是错误的。

24．ABCD 【解析】根据《恶臭污染物排放标准》，排污单位排放（包括泄漏和无组织排放）的恶臭污染物，在排污单位边界上规定监测点（无其他干扰因素）的一次最大监测值（包括臭气浓度）都必须低于或等于恶臭污染物厂界标准值；排污单位经烟、气排气筒（高度在 15 m 以上）排放的恶臭污染物的排放量和臭气浓度都必须低于或等于恶臭污染物排放标准。

第四章　地表水环境影响评价技术导则及相关标准

引言：地表水导则和标准合计每年分值为 20～30 分。《环境影响评价技术导则　地表水环境》(HJ 2.3—2018) 从 2019 年 3 月开始实施。

第一节　环境影响评价技术导则　地表水环境

一、单项选择题（每题的备选项中，只有一个最符合题意）

1. 某大型水电站拟建于Ⅲ类水域，工程土方量大，建设期为 26 个月。根据《环境影响评价技术导则　地面水环境》，在进行水环境影响评价时，其预测时段应为（　　）。(2010 年考题)

A. 建设期和运行期　　B. 建设期和服务期满后

C. 运行期和服务期满后　　D. 运行初期和远期

2. 根据《环境影响评价技术导则　地面水环境》，在地面水环境影响预测中，关于河流简化，说法错误的是（　　）。(2010 年考题)

A. 河流断面宽深比不小于 20 时，可视为矩形河流

B. 小河可简化为矩形平直河流

C. 评价等级为三级时，江心洲、浅滩等均可按无江心洲、浅滩的情况对待

D. 人工控制河流均可视为水库

3. 根据《环境影响评价技术导则　地面水环境》，下列河流可以简化为矩形平直河流的是（　　）。(2011 年考题)

A. 断面宽深比为 10 的中河

B. 河段弯曲系数为 1.5 的中河

C. 河段弯曲系数为 1.8，断面宽深比为 25 的大河

D. 河段弯曲系数为 1.2，断面宽深比为 25 的大河

4. 根据《环境影响评价技术导则　地面水环境》，水环境影响预测水质参数的数目一般应（　　）调查项目水质参数的数目。(2012 年考题)

A．不少于　　B．少于　　C．等于　　D．多于

5．根据《环境影响评价技术导则　地面水环境》，地表水预测中，水体自净能力最小的时段通常在（　　）。（2013 年考题）

A．枯水期　　B．平水期　　C．丰水期　　D．凌汛期

6．根据《环境影响评价技术导则　地面水环境》，下列关于河流简化的说法，错误的是（　　）。（2013 年考题）

A．所有中型河滩均可简化为平直河流

B．河滩断面宽深比≥20 时，可视为矩形河流

C．小河可以简化为矩形平直河流

D．大河预测河段的断面变化较大时，可以分段考虑

7．根据《环境影响评价技术导则　地面水环境》，下列说法中，符合现有水污染源调查原则的是（　　）。（2015 年考题）

A．改、扩建项目可以简略调查改、扩建前的水污染源

B．点源调查以现场调查和测试为主，以收集现有资料为辅

C．评价等级较高且现有水污染源与建设项目较近时，应该详细调查该污染源

D．现有水污染源位于建设项目受纳河流混合过程段以内时，可以简略调查该污染源

8．根据《环境影响评价技术导则　地面水环境》，下列内容中，不属于现有点污染源调查内容的是（　　）。（2016 年考题）

A．排污单位用排水状况　　B．受纳水体的水环境功能

C．排放口在断面上的位置　　D．排放单位的废水、污水处理状况

9．根据《环境影响评价技术导则　地面水环境》，地面水环境影响评价分级判据中，应纳入污水排放量统计的是（　　）。（2017 年考题）

A．循环水排水　　B．间接冷却水排水

C．含热量大的冷却水排水　　D．含污染物量极少的清净下水

10．根据《环境影响评价技术导则　地面水环境》，关于非点源调查的说法，错误的是（　　）。（2017 年考题）

A．应实测非点源源强　　B．应调查非点源的排放方式

C．应调查非点源的排污数据　　D．应调查非点源的排放去向

11．根据《环境影响评价技术导则　地面水环境》，关于现有点污染源调查的说法，正确的是（　　）。（2017 年考题）

A．以现场实测为主

B．以现场调查为主，辅以现场实测

C．以收集现有资料为主

D．评价时间不足时，可不进行调查

12．根据《环境影响评价技术导则　地面水环境》，在进行水质预测时，关于河流简化的说法，错误的是（　　）。（2017年考题）

A．大、中河流预测河段的断面形状沿程变化较大时，可以分段考虑简化

B．河流断面的宽深比≥20时，可视为矩形河流

C．小河可以简化为矩形平直河流

D．人工控制河流应视为水库

13．根据《环境影响评价技术导则　地面水环境》，关于现有点污染源调查的说法，正确的是（　　）。（2018年考题）

A．以现场实测为主

B．以现场调查为主，辅以现场实测

C．以收集现有资料为主

D．评价时间不足时，可不进行调查

14．根据《环境影响评价技术导则　地表水环境》（HJ 2.3—2018），水文要素影响型建设项目地表水环境影响评价因子，应根据建设项目对地表水体水文要素影响的特征确定，湖库主要评价因子不包括（　　）。（2019年考题）

A．水温　　B．径流过程

C．径流深　　D．水量

15．根据《环境影响评价技术导则　地表水环境》（HJ 2.3—2018），关于第一类水污染污染当量值，下列说法不正确的是（　　）。（2019年考题）

A．总锌的污染物当量值为0.2 kg

B．六价铬、总砷、总银的污染物当量值相同

C．总镉、总铅的污染物当量值不同

D．总铬的污染物当量值为0.04 kg

16．根据《环境影响评价技术导则　地表水环境》（HJ 2.3—2018），对于水污染影响型建设项目，除覆盖评价范围外，受纳水体为河流时，在不受回水影响的河流段，排放口上游调查范围宜不小于（　　）m。（2019年考题）

A．500　　B．1 000

C．1 500　　D．2 000

17．根据《环境影响评价技术导则　地表水环境》（HJ 2.3—2018），河流不利枯水条件下，河流设计水文条件宜采用（　　）保证率最枯月流量。（2019年考题）

A．75%　　B．90%

C．95%　　D．98%

18．根据《环境影响评价技术导则　地表水环境》（HJ 2.3—2018），污染物在断

面上均匀混合的河道型水库预测时适用（　　）模型。（2019 年考题）

A．垂向一维　　B．纵向一维

C．平面二维　　D．立面二维

19．某建设项目废水排入某河流（V 类水域），该项目污染源排放量核算断面（点位）所在水环境功能区 COD 水环境质量标准限值为 40 mg/L，根据《环境影响评价技术导则　地表水环境》（HJ 2.3—2018），至少须预留必要的安全余量为（　　）。（2019 年考题）

A．6 mg/L　　B．4 mg/L

C．3.2 mg/L　　D．2 mg/L

20．根据《环境影响评价技术导则　地表水环境》（HJ 2.3—2018），下列水污染影响型建设项目地表水环境影响评价等级肯定应不低于二级的有（　　）。（2019 年考题）

A．造成入海河口（湾口）宽度束窄（束窄尺度达到原宽度的 4%）的建设项目

B．引水式电站

C．影响范围涉及饮用水水源准保护区的建设项目

D．某建设项目其不透水的单方向建筑尺度较长的水工建筑物（如防波堤、导流堤等），其与潮流或水流主流向切线垂直方向投影长度等于 2 km 时

21．根据《环境影响评价技术导则　地表水环境》，确定水文要素影响型建设项目评价等级不考虑（　　）。（2020 年考题）

A．项目特性　　B．水温

C．水域规模　　D．径流

22．根据《环境影响评价技术导则　地表水环境》，确定水污染影响型建设项目评价范围不考虑（　　）。（2020 年考题）

A．污染物复杂程度　　B．地表水环境质量管理要求

C．水污染影响程度　　D．水污染影响方式

23．根据《环境影响评价技术导则　地表水环境》，确定水文要素影响型建设项目评价范围不考虑（　　）。（2020 年考题）

A．水文要素影响程度　　B．环境保护目标

C．水质现状　　D．水文要素影响类别

24．根据《环境影响评价技术导则　地表水环境》，确定地表水环境影响评价时期不考虑（　　）。（2020 年考题）

A．地表水体类型　　B．项目类型

C．评价等级　　D．水域规模

25．根据《环境影响评价技术导则　地表水环境》，确定建设项目污染物排放

标准的依据不包括（　　）。（2020 年考题）

A. 国际标准

B. 国家标准

C. 地方标准

D. 报生态环境保护部门备案的协议排放浓度

26. 根据《环境影响评价技术导则　地表水环境》，关于地表水现状调查时期的说法，错误的是（　　）。（2020 年考题）

A. 现状调查时期与评价等级有关

B. 至少应调查一个时期

C. 现状调查时期与受影响水体的类型有关

D. 调查时期和评价时期一致

27. 根据《环境影响技术导则　地表水环境》，水污染影响型建设项目地表水环境影响预测内容不包括（　　）。（2020 年考题）

A. 控制断面污染物浓度

B. 排放混合区内污染物浓度

C. 各污染物最大影响范围

D. 到达水环境保护目标处的污染物浓度

二、不定项选择题（每题的备选项中至少有一个符合题意）

1. 根据《环境影响评价技术导则　地面水环境》，现状点污染源调查应包括的内容有（　　）。（2013 年考题）

A. 排污口的位置、排放形式及排放方向

B. 主要污染物排放量、排放浓度

C. 废、污水的处理状况及效果

D. 取用水量、循环水量及排水总量

2. 根据《环境影响评价技术导则　地面水环境》，关于水质预测时地面水体简化的说法，错误的有（　　）。（2018 年考题）

A. 小河可简化为矩形平直河流

B. 河流的断面宽深比≥20 时，可视为矩形河流

C. 大、中河流中，预测河段弯曲较小时，可简化为平直河流

D. 评价工作等级为二级时，位于混合过程段的江心洲可按无江心洲对待

3. 根据《环境影响评价技术导则　地表水环境》（HJ 2.3—2018），河流水动力模型、水质（包括水温及富营养化）模型解析解的适用条件有（　　）。（2019 年考题）

A．河流顺直　　B．水流均匀

C．排污稳定　　D．水域形态规则

4．根据《环境影响评价技术导则　地表水环境》（HJ 2.3—2018），关于水污染影响型建设项目地表水环境影响评价中应筛选为评价因子的有（　　）。（2019 年考题）

A．在车间或车间处理设施排放口排放的第一类污染物

B．水温

C．行业污染物排放标准中涉及的水污染物

D．面源污染所含的主要污染物

5．某灌溉供水水库项目坝上淹没区有支流汇入，评价工作等级为二级，根据《环境影响评价技术导则　地表水环境》，关于该建设项目地表水环境现状调查范围的说法，正确的有（　　）。（2020 年考题）

A．调查范围应包括供水水库淹没区上游河段

B．调查范围应包括供水水库淹没区

C．调查范围应包括退水汇入的河流

D．调查范围应包括坝上汇入的支流

6．根据《环境影响评价技术导则　地表水环境》，属于水文要素影响型建设项目地表水环境影响预测内容的有（　　）。（2020 年考题）

A．水量变化　　B．水温变化

C．水深变化　　D．流速变化

参考答案

一、单项选择题

1．A　【解析】所有建设项目均应预测生产运行阶段对地面水环境的影响。该阶段的地面水环境影响应按正常排放和非正常排放两种情况进行预测。特殊情况还应进行建设项目风险事故状态下的地面水环境影响预测。建设期为 26 个月，建设期较长，需预测。

2．D　3．D　4．B　5．A　6．A

7．C　【解析】改、扩建项目应详细了解改、扩建前的水污染源。点源调查以收集现有资料为主，以现场调查和测试为辅。选项 D，从实际工作来看，应详细调查。

8．B

9．C　【解析】污水排放量中不包括间接冷却水、循环水以及其他含污染物极

少的清净下水的排放量，但包括含热量大的冷却水的排放量。

10. A 【解析】非点源源强不一定要实测，可以有其他方法测出排污数据。

11. C 【解析】点污染源调查以搜集现有资料为主，只有在十分必要时才补充现场调查或测试。

12. D 【解析】人工控制河流根据水流情况可以视其为水库，也可视其为河流，分段进行简化。

13. C 【解析】点污染源调查的原则：以搜集现有资料为主，只有在十分必要时才补充现场调查或测试。

14. C 【解析】水文要素影响型建设项目评价因子，应根据建设项目对地表水体水文要素影响的特征确定。河流、湖泊及水库主要评价水面宽、水位、水深、水面面积、水量（注意：不是流量）、流速、水温、径流过程、冲淤变化等因子（简记为：速宽位面温，径冲水量深），湖泊和水库需要重点关注水域面积或蓄水量及水力停留时间等因子（简记为：水域水力蓄水量）。感潮河段、入海河口及近岸海域主要评价水面宽、水深、水位、流速、流量（注意：不是水量）、流向、潮区界、潮流界、纳潮量、冲淤变化等因子（简记为：潮区潮流纳潮向，速宽位冲流量深）。

15. A 【解析】总锌不属于第一类污染物。第一类污染物如下表所示：

水污染物污染当量值（第一类） 单位：kg

污染物	污染物当量值	污染物	污染物当量值
总汞	0.000 55	六价铬	0.02
总镉	0.005	总砷	0.02
总铅	0.025	总银	0.02
总镍	0.025	总铬	0.04
苯并[*a*]芘	0.000 000 3	总铍	0.01

16. A 【解析】对于水污染影响型建设项目，除覆盖评价范围外，受纳水体为河流时，在不受回水影响的河流段，排放口上游调查范围宜不小于 500 m，受回水影响河段的上游调查范围原则上与下游调查的河段长度相等；受纳水体为湖库时，以排放口为圆心，调查半径在评价范围基础上外延 20%～50%。

17. B 【解析】河流不利枯水条件下，河流设计水文条件宜采用 90%保证率最枯月流量或近 10 年最枯月平均流量。

18. B 【解析】

湖库数学模型适用条件

模型分类	模型空间分类						模型时间分类	
	零维模型	纵向一维模型	平面二维	垂向一维	立面二维	三维模型	稳态	非稳态
适用条件	水流交换作用较充分、污染物质分布基本均匀	污染物在断面上均匀混合的河道型水库	浅水湖库，垂向分层不明显	深水湖库，水平分布差异不明显，存在垂向分层	深水湖库，横向分布差异不明显，存在垂向分层	垂向及平面分布差异明显	流场恒定、源强稳定	流场不恒定或源强不稳定

19．C 【解析】遵循地表水环境质量底线要求，主要污染物（化学需氧量、氨氮、总磷、总氮）须预留必要的安全余量。安全余量可按地表水环境质量标准、受纳水体环境敏感性等确定：受纳水体为《地表水环境质量标准》(GB 3838—2002) Ⅲ类水域，以及涉及水环境保护目标的水域，安全余量按照不低于建设项目污染源排放量核算断面（点位）处环境质量标准的 10%确定（安全余量≥环境质量标准×10%)；受纳水体水环境质量标准为《地表水环境质量标准》(GB 3838—2002) Ⅳ、Ⅴ类水域，安全余量按照不低于建设项目污染源排放量核算断面（点位）环境质量标准的 8%确定（安全余量≥环境质量标准×8%)；地方如有更严格的环境管理要求，按地方要求执行。释义：安全余量是指考虑污染负荷和受纳水体水环境质量之间关系的不确定因素，为保障受纳水体水环境质量改善目标安全而预留的负荷量。

20．C 【解析】水污染影响型建设项目地表水环境影响评价等级肯定应不低于二级的有：影响范围涉及饮用水水源保护区、重点保护与珍稀水生生物的栖息地、重要水生生物的自然产卵场、自然保护区等保护目标。水文要素影响型建设项目地表水环境影响评价等级肯定应不低于二级的有：①跨流域调水、引水式电站、可能受到大型河流感潮河段影响；②造成入海河口（湾口）宽度束窄（束窄尺度达到原宽度的 5%以上)；③对不透水的单方向建筑尺度较长的水工建筑物（如防波堤、导流堤等)，其与潮流或水流主流向切线垂直方向投影长度大于 2 km 时。

21．C 【解析】《环境影响评价技术导则 地表水环境》5.2.3：水文要素影响型建设项目评价等级划分根据水温、径流与受影响地表水域等三类水文要素的影响程度进行判定。

22．A 【解析】《环境影响评价技术导则 地表水环境》5.3.2：水污染影响型建设项目评价范围，根据评价等级、工程特点、影响方式及程度、地表水环境质量管理要求等确定。

23．C 【解析】《环境影响评价技术导则 地表水环境》5.3.3：水文要素影响型建设项目评价范围，根据评价等级、水文要素影响类别、影响及恢复程度确定。建设项目影响范围涉及水环境保护目标的，评价范围至少应扩大到水环境保护目标内受影响的水域。

24．D 【解析】《环境影响评价技术导则 地表水环境》5.4.1：建设项目地表水环境影响评价时期根据受影响地表水体类型、评价等级等确定。对于评价等级低于二级的建设项目，还应考虑项目类型属于水污染影响型还是水文要素影响型。

25．A 【解析】《环境影响评价技术导则 地表水环境》5.6.1.2：根据现行国家和地方排放标准的相关规定，结合项目所属行业、地理位置，确定建设项目污染物排放标准。对于间接排放建设项目，若建设项目与污水处理厂在满足排放标准允许范围内，签订了纳管协议和排放浓度限值，并报相关生态环境保护部门备案，可将此浓度限值作为污染物排放评价的依据。

26．B 【解析】《环境影响评价技术导则 地表水环境》6.4：地表水现状调查时期和评价时期一致。建设项目地表水环境影响评价时期根据受影响地表水体类型、评价等级等确定。

27．B 【解析】根据《环境影响评价技术导则 地表水环境》7.5.2：水污染影响型建设项目预测内容主要包括：a)各关心断面（控制断面、取水口、污染源排放核算断面等）水质预测因子的浓度及变化；b)到达水环境保护目标处的污染物浓度；c)各污染物最大影响范围；d)湖泊、水库及半封闭海湾等，还需关注富营养化状况与水华、赤潮等；e)排放口混合区范围。

二、不定项选择题

1．ABCD

2．D 【解析】小河可以简化为矩形平直河流。河流的断面宽深比≥20 时，可视为矩形河流。大中河流，预测河段弯曲较大（最大弯曲系数＞1.3，河流弯曲系数：某河段的实际长度与该河段直线长度之比）时，可视为弯曲河流，其他简化为平直河流；大、中河流中，预测河段弯曲较小时，是相对河段弯曲较大（最大弯曲系数＞1.3）而言的，即最大弯曲系数≤1.3，所以可简化为平直河流。其实这样表述更准确：大、中河流中，预测河段弯曲较小（最大弯曲系数≤1.3）时，可简化为平直河流。评价等级为三级，江心洲、浅滩等均可按无江心洲、浅滩的情况对待。

3．ABC 【解析】水动力模型、水质（包括水温及富营养化）模型按照是否需要采用数值离散方法分为解析解模型与数值解模型，在模拟河流顺直、水流均匀且排污稳定时可以采用解析解；在模拟湖库水域形态规则、水流均匀且排污稳定时可以采用解析解模型。

4．ABCD 【解析】水污染影响型建设项目评价因子的筛选应符合以下要求：

（1）按照污染源源强核算技术指南，开展建设项目污染源与水污染因子识别，结合建设项目所在水环境控制单元或区域水环境质量现状，筛选出水环境现状调查评价与影响预测评价的因子；（2）行业污染物排放标准中涉及的水污染物应作为评价因子，简记为行排；（3）在车间或车间处理设施排放口排放的第一类污染物应作为评价因子，简记为一类；（4）水温应作为评价因子，简记为温；（5）面源污染所含的主要污染物应作为评价因子，简记为面含；（6）建设项目排放的，且为建设项目所在控制单元的水质超标因子或潜在污染因子（指近三年来水质浓度值呈上升趋势的水质因子），应作为评价因子，简记为超标、潜在。评价因子简记口诀：行排一类温面含，潜在超标因子全。

5. BCD　【解析】灌溉供水水库项目属于水文要素影响型建设项目，根据《环境影响评价技术导则　地表水环境》6.2.3：对于水文要素影响型建设项目，受影响水体为河流、湖库时，除覆盖评价范围外，一级、二级评价时，还应包括库区及支流回水影响区、坝下至下一个梯级或河口、受水区、退水影响区。

6. ABCD　【解析】根据《环境影响评价技术导则　地表水环境》7.5.3：水文要素影响型建设项目主要预测内容包括：河流、湖泊及水库的水文情势预测分析主要包括水域形态、径流条件，水力条件以及冲淤变化等内容，具体包括水面面积、水量、水温、径流过程、水位、水深、流速、水面宽、冲淤变化等，湖泊和水库需要重点关注湖库水域面积或蓄水量及水力停留时间等因子。

第二节　相关的水环境标准

一、单项选择题（每题的备选项中，只有一个最符合题意）

1. 根据《地表水环境质量标准》，与近海水域相连的河口水域、集中式生活饮用水地表水水源地、经批准划定的单一渔业水域各自对应执行的标准是（　　）。（2010 年考题）

A.《海水水质标准》《生活饮用水卫生标准》《地表水环境质量标准》

B.《海水水质标准》《地表水环境质量标准》《地表水环境质量标准》

C.《地表水环境质量标准》《生活饮用水卫生标准》《渔业水质标准》

D.《地表水环境质量标准》《地表水环境质量标准》《渔业水质标准》

2. 根据《地表水环境质量标准》，某水域同时具有鱼类养殖区、越冬场、洄游通道功能，该水域应执行的标准类别是（　　）类。（2010 年考题）

A. Ⅰ　　B. Ⅱ　　C. Ⅲ　　D. Ⅳ

3．某沿海港口建设项目环境影响评价范围内有海水浴场、滨海风景旅游区及海洋开发作业区。根据《海水水质标准》，该项目环境影响评价应选取相对应的海水水质评价标准为第（　　）类。（2010 年考题）

A．二、三、三　　B．二、二、四

C．一、二、三　　D．二、三、四

4．下列建设项目污水排放适用《污水综合排放标准》的是（　　）。（2010 年考题）

A．铸造厂　　B．电镀厂

C．三级甲等医院　　D．城镇生活污水处理厂

5．某饮料厂污水经市政污水处理厂一级强化处理后排入三类海域。根据《污水综合排放标准》，该饮料厂污水排放应执行（　　）。（2010 年考题）

A．禁排　　B．一级排放标准

C．二级排放标准　　D．三级排放标准

6．根据《污水综合排放标准》，下列污染物应在车间或车间处理设施排放口采样监测的是（　　）。（2010 年考题）

A．总铜　　B．总锌

C．总银　　D．总氰化物

7．某河流化学需氧量浓度为 20 mg/L，氨氮浓度为 1.5 mg/L，该河流水质能达到《地表水环境质量标准》中规定的（　　）类水质要求。（2011 年考题）

A．Ⅱ　　B．Ⅲ　　C．Ⅳ　　D．Ⅴ

8．下列建设项目中，污水排放适用《污水综合排放标准》的是（　　）。（2011 年考题）

A．甲醛厂　　B．烧碱厂

C．磷肥厂　　D．肉类联合加工厂

9．某厂污水排入未设置二级污水处理厂的城镇排水系统，受纳水体为Ⅲ类地表水，根据《污水综合排放标准》，其污水排放应执行的标准是（　　）。（2011 年考题）

A．禁排　　B．一级标准

C．二级标准　　D．三级标准

10．根据《污水综合排放标准》，属于第一类污染物的是（　　）。（2011 年考题）

A．总锰　　B．总锌　　C．总铜　　D．总镍

11．根据《污水综合排放标准》，关于第二类污染物控制方式，说法正确的是（　　）。（2011 年考题）

A．在车间排放口采样监控　　B．在排污单位排放口采样监控

C．在城镇排放口采样监控　　D．不同行业的来样监控位置不同

12. 根据《污水综合排放标准》，生产周期为 20 h 的某工厂污水采样频率应为（　　）。（2011 年考题）

A. 每 2 h 采样一次　　B. 每 4 h 采样一次

C. 每 6 h 采样一次　　D. 每 8 h 采样一次

13. 根据《地表水环境质量标准》，化学需氧量（COD）Ⅲ类标准限值是（　　）。（2012 年考题）

A. 15 mg/L　　B. 20 mg/L　　C. 30 mg/L　　D. 40 mg/L

14. 根据《地表水环境质量标准》，某地区地表水水质符合Ⅳ类标准，该地表水不可直接用于（　　）。（2012 年考题）

A. 绿化用水　　B. 农业用水

C. 景观用水　　D. 生活饮用水水源用水

15. 根据《污水综合排放标准》，关于第一类污染物排放，说法错误的是（　　）。（2012 年考题）

A. 第一类污染物最高允许排放浓度与企业所属行业无关

B. 第一类污染物最高允许排放浓度与受纳水体功能无关

C. 第一类污染物排放监测点应设在车间或车间处理设施排放口

D. 矿山企业第一类污染物排放监测点应设在尾矿坝出水口

16. 根据《污水综合排放标准》，工业污水按生产周期确定监测频率。生产周期为 7 h，应每（　　）采样一次。（2012 年考题）

A. 1 h　　B. 2 h　　C. 3 h　　D. 4 h

17. 根据《污水综合排放标准》，建设项目（包括改、扩建项目）的建设时间以（　　）为准划分。（2012 年考题）

A. 开工日期　　B. 竣工验收日期

C. 投产运行日期　　D. 环境影响报告书（表）批准日期

18. 根据《地表水环境质量标准》，水样采集后需自然沉降（　　）min，取上层非沉降部分按规定方法进行分析。（2013 年考题）

A. 40　　B. 30　　C. 20　　D. 10

19. 根据《海水水质标准》，不适用于一般工业用水区的是（　　）类海水。（2013 年考题）

A. 一　　B. 二　　C. 三　　D. 四

20. 根据《地表水环境质量标准》，高锰酸盐指数Ⅲ类、Ⅳ类标准限值分别是（　　）。（2014 年考题）

A. 4 mg/L、6 mg/L　　B. 4 mg/L、10 mg/L

C. 6 mg/L、10 mg/L　　D. 10 mg/L、15 mg/L

21．根据《海水水质标准》，适用于海洋渔业水域的海水水质类别是（　　）。（2014年考题）

A．第一类　　B．第二类　　C．第三类　　D．第四类

22．下列行业中，适用《污水综合排放标准》的是（　　）。（2014年考题）

A．淀粉业　　B．餐饮业　　C．白酒业　　D．制糖业

23．根据《污水综合排放标准》，下列污染物中，属于第一类污染物的是（　　）。（2014年考题）

A．总银　　B．总铜　　C．苯胺类　　D．硝基苯类

24．根据《污水综合排放标准》，建设（包括改、扩建）单位的建设时间以（　　）为准划分。（2014年考题）

A．立项日期　　B．环境影响报告书（表）批准日期

C．开工日期　　D．施工日期

25．根据《地表水环境质量标准》，某河流如需符合Ⅳ类地表水环境质量标准，其人为造成的环境水温变化周平均最大温升和温降分别是（　　）。（2015年考题）

A．≤1℃和≤3℃　　B．≤1℃和≤2℃

C．≤2℃和≤4℃　　D．≤2℃和≤3℃

26．根据《海水水质标准》，滨海风景旅游区的海水水质应达到的类别是（　　）。（2015年考题）

A．第一类　　B．第二类　　C．第三类　　D．第四类

27．根据《污水综合排放标准》，关于排污口设置要求的说法错误的是（　　）。（2015年考题）

A．《地表水环境质量标准》中Ⅱ类水域禁止新建排污口

B．《地表水环境质量标准》中Ⅲ类水域（划定的保护区和游泳区除外），允许新建排污口

C．《海水水质标准》中二类海域禁止新建排污口

D．《海水水质标准》中三类海域允许新建排污口

28．某企业外排含有铜、镉污染物的废水，根据《污水综合排放标准》，关于污染物采样位置的说法，正确的是（　　）。（2015年考题）

A．铜污染物在总排口采样，镉污染物在车间排放口采样

B．铜污染物在车间排放口采样，镉污染物在总排口采样

C．铜镉污染物均在车间排放口采样

D．铜镉污染物均在总排口采样

29．某企业生产周期为12 h，根据《污水综合排放标准》，该企业工业污水监测频率应为（　　）。（2015年考题）

A．每天采样一次　　B．每 4 h 采样一次
C．每 6 h 采样一次　　D．每 12 h 采样一次

30．根据《地表水环境质量标准》，关于地表水环境质量评价原则的说法，错误的是（　　）。（2016 年考题）

A．对超标的地表水体，应说明超标项目和超标倍数
B．丰、平、枯水期特征明显的水域，应分期进行水质评价
C．应实现的水域功能类别，选取相应类别标准，采用综合指数法进行评价
D．集中式饮用水地表水水源地水质评价项目应包括基本项目、补充项目及特定项目

31．《污水综合排放标准》适用范围说法，错误的是（　　）。（2016 年考题）

A．适用于船舶工业水污染物的排放管理
B．适用于染料工业水污染物的排放管理
C．适用于汽车工业水污染物的排放管理
D．适用于电子工业水污染物的排放管理

32．某企业外排含镍、铜的废水，根据《污水综合排放标准》，关于污染物控制方式的说法，正确的是（　　）。（2016 年考题）

A．含镍、铜的废水均在车间排放口采样监控
B．含镍、铜的废水均在排污单位排放口采样监控
C．含铜废水在车间排污口采样监控，含镍废水在排污单位排放口采样监控
D．含镍废水在车间排污口采样监控，含铜废水在排污单位排放口采样监控

33．根据《地表水环境质量标准》，关于各类水域适用标准类别的说法，错误的是（　　）。（2017 年考题）

A．源头水适用Ⅰ类标准
B．集中式生活饮用水地表水水源地一级保护区适用Ⅱ类标准
C．集中式生活饮用水地表水水源地二级保护区适用Ⅲ类标准
D．娱乐用水区适用Ⅳ类标准

34．根据《海水水质标准》，关于各类海域适用水质类别的说法，错误的是（　　）。（2017 年考题）

A．海上自然保护区适用《海水水质标准》第一类水质类别
B．人工水产养殖区适用《海水水质标准》第二类水质类别
C．海水浴场适用《海水水质标准》第三类水质类别
D．海洋开发作业区适用《海水水质标准》第四类水质类别

35．某建设项目拟向规划水域功能为 GB 3838 中Ⅱ类的水体排放污水，根据《污水综合排放标准》，关于该项目污水排放要求的说法，正确的（　　）。（2017 年考题）

A．该项目排放污水执行一级标准　　B．该项目排放污水执行二级标准

C．该项目排放污水执行三级标准　　D．该项目不得在该水体新设排污口

36．根据《污水综合排放标准》，下列污染因子中，不属于第一类污染物的是（　　）。（2017年考题）

A．总汞　　B．总锌　　C．总铬　　D．总镉

37．根据《地表水环境质量标准》，关于地表水环境质量评价的说法，正确的是（　　）。（2018年考题）

A．根据应实现的水域功能类别，进行单因子评价

B．根据应实现的水域功能类别，进行综合评价

C．根据水质参数类别，进行单因子评价

D．根据水质参数类别，进行综合因子评价

38．根据《海水水质标准》，关于各类海域适用于水质类别的说法，错误的是（　　）。（2018年考题）

A．水产养殖区适用《海水水质标准》第一类水质类别

B．海水浴场适用《海水水质标准》第二类水质类别

C．滨海风景旅游区适用《海水水质标准》第三类水质类别

D．海洋开发作业区适用《海水水质标准》第四类水质类别

39．《污水综合排放标准》中规定的第一类污染物不包括（　　）。（2018年考题）

A．总银　　B．总镉　　C．总锌　　D．总铅

40．某企业生产车间生产周期为10 h，排放含砷废水。根据《污水综合排放标准》，关于污染物控制方式及采样频率的说法，正确的是（　　）。（2018年考题）

A．在企业总排放口采样，每4 h采样一次

B．在企业总排放口采样，每2 h采样一次

C．在生产车间排放口采样，每4 h采样一次

D．在生产车间排放口采样，每2 h采样一次

41．根据《地表水环境质量标准》，下面每个选项中的水域全部属于Ⅰ类水域功能的是（　　）。（2019年考题）

A．集中式生活饮用水地表水水源地一级保护区、集中式生活饮用水地表水水源地二级保护区

B．仔稚幼鱼的索饵场、鱼虾类产卵场、鱼虾类越冬场、鱼虾类洄游通道

C．人体非直接接触的娱乐用水区、一般景观要求水域

D．源头水、国家自然保护区

42．根据《地表水环境质量标准》，地表水环境质量监测，下列基本项目的分析

方法中，错误的是（ ）。（2019 年考题）

A．COD 采用重铬酸盐法　　B．氨氮采用纳氏试剂比色法

C．溶解氧采用碘量法　　D．石油类采用重量分析法

43．根据《海水水质标准》，下列关于按照海域的不同使用功能和保护目标对海水水质分类的说法正确的有（ ）。（2019 年考题）

A．第一类适用于海上自然保护区和珍稀濒危海洋生物保护区

B．第二类适用于海洋渔业水域、水产养殖区、与人类食用直接有关的工业用水区

C．第三类适用于海水浴场、人体直接接触海上运用或娱乐区、滨海风景旅游区

D．第四类适用于海洋港口水域、一般工业用水区、海洋开发作业区

44．根据《污水综合排放标准》，关于按污染物性质及控制方式进行的分类，下列说法错误的是（ ）。（2019 年考题）

A．含铜废水一律在车间或车间处理设施排放口采样

B．含镍废水一律在车间或车间处理设施排放口采样

C．含银废水一律在车间或车间处理设施排放口采样

D．含锰废水在排污单位排放口采样

45．根据《污水综合排放标准》，不属于第一类污染物的是（ ）。（2019 年考题）

A．烷基汞　　B．总砷　　C．苯并[*a*]芘　　D．挥发酚

46．下列水体中，不适用《地表水环境质量标准》的是（ ）。（2020 年考题）

A．运河　　B．渠道　　C．鱼塘　　D．水库

47．根据《海水水质标准》，污水集中排放形成的混合区不得影响邻近功能区的（ ）。（2020 年考题）

A．水量　　B．水质

C．鱼类越冬场　　D．鱼类产卵场

48．根据《污水综合排放标准》，关于标准分级的说法，正确的是（ ）。（2020 年考题）

A．排入 GB 3097 一类海域的污水执行一级标准

B．排入 GB 3097 二类海域的污水执行二级标准

C．排入 GB 3838 Ⅱ类水域的污水执行一级标准

D．排入 GB 3838 Ⅴ类水域的污水执行二级标准

二、不定项选择题（每题的备选项中至少有一个符合题意）

1．根据《污水综合排放标准》，下列水体中，禁止新建排污口的有（ ）。（2010 年考题）

A．GB 3838中Ⅱ类水域　　B．GB 3097中一类海域

C．GB 3838中Ⅲ类水域　　D．GB 3097中三类海域

2．根据《地表水环境质量标准》，地表水水域环境Ⅲ类功能区适用于（　　）。（2011年考题）

A．鱼虾类产卵场　　B．鱼虾类越冬场

C．仔稚幼苗的索饵场　　D．洄游通道

3．根据《地表水环境质量标准》，集中式生活饮用水地表水水源地水质评价项目应包括（　　）。（2011年考题）

A．基本项目

B．补充项目

C．县级以上环境保护行政主管部门选择确定的补充项目

D．县级以上环境保护行政主管部门选择确定的特定项目

4．根据《地表水环境质量标准》，关于水质评价，说法正确的有（　　）。（2012年考题）

A．按照相应类别标准进行单因子评价

B．评价结果应说明水质达标情况

C．丰、平、枯水期明显的水域，可按枯水期进行水质评价

D．超标的应说明超标项目和超标倍数

5．《地表水环境质量标准》中的基本项目适用的地表水水域有（　　）。（2013年考题）

A．江河　　B．湖泊、水库　　C．近海水域　　D．运河、渠道

6．根据《地表水环境质量标准》，在进行集中式生活饮用水地表水水源地现状评价时，其水质评价项目有（　　）。（2014年考题）

A．《地表水环境质量标准》基本项目

B．集中式生活饮用水地表水水源地补充项目

C．水源地所在乡镇人民政府确定的特定项目

D．水源地所在地县环境保护局确定的特定项目

7．根据《地表水环境质量标准》，Ⅳ类水域功能适用于（　　）。（2015年考题）

A．游泳区　　B．集中式生活饮用水地表水水源地

C．一般工业用水　　D．人体非直接接触的娱乐用水区

8．根据《地表水环境质量标准》，下列水功能区中，需执行Ⅱ类水域标准的有（　　）。（2016年考题）

A．水产养殖区

B．鱼虾产卵场

C．国家自然保护区

D．集中式生活饮用水水源地一级保护区

9．根据《海水水质标准》，下列使用功能的海域中，需执行海水水质第三类标准的有（　　）。（2016 年考题）

A．海水浴场　　　　B．一般工业用水区

C．海洋开发作业区　　　　D．滨海风景旅游区

10．根据《污水综合排放标准》，下列污染物中，属于第一类污染物的有（　　）。（2016 年考题）

A．总铅　　B．总锰　　C．总镉　　D．总汞

11．根据《地表水环境质量标准》，关于地表水环境质量评价的说法，正确的有（　　）。（2017 年考题）

A．应进行单因子评价

B．应进行综合指数评价

C．面源污染严重的水域，应分水期进行水质评价

D．丰、平、枯水期特征明显的水域，应分水期进行水质评价

12．根据《污水综合排放标准》，下列不同排放去向的污水中，执行二级排放标准的有（　　）。（2017 年考题）

A．排入 GB 3838 中Ⅲ类水域的污水

B．排入 GB 3838 中Ⅴ类水域的污水

C．排入 GB 3097 中第三类海域的污水

D．排入设置二级污水处理厂的城镇排水系统的污水

13．根据《地表水环境质量标准》，地表水环境质量标准基本项目适用于全国范围内的（　　）。（2019 年考题）

A．具有使用功能的江河　　　　B．具有使用功能的湖库

C．具有使用功能的渠道　　　　D．黑臭水体

14．根据《污水综合排放标准》，本标准适用于（　　）。（2019 年考题）

A．现有单位水污染的排放管理　　　　B．建设项目的环境影响评价

C．建设项目环境保护设施设计、竣工验收　　D．建设项目投产后的排放管理

15．根据《污水综合排放标准》，下列污染物中，属于第一类污染物的有（　　）。（2020 年考题）

A．总砷　　　　B．总氰化物

C．总铜　　　　D．总锌

参考答案

一、单项选择题

1. D 【解析】与近海水域相连的河口水域根据水环境功能按《地表水环境质量标准》进行管理。

2. C 【解析】某水域同时具有多种使用功能的，执行最高功能类别对应的标准值。

3. D 【解析】此题考查的范围较广，只有把海水水质的分类全部记住了，才能完整无误地答对。

4. A 【解析】其他三个选项都有行业标准。

5. C 【解析】由于该饮料厂污水经市政污水处理厂一级强化处理，不是二级处理，不能执行三级排放标准。

6. C

7. C 【解析】此题考得较细。从化学需氧量浓度值来看，能达到Ⅲ类，氨氮浓度值能达到Ⅳ类，因此，总体来说该河流水质能达到Ⅳ类。

8. A 【解析】其他几个选项都有行业标准。

9. B 【解析】排入未设置二级污水处理厂的城镇排水系统的污水，必须根据排水系统出水受纳水域的功能要求分别执行：排入《地表水环境质量标准》（GB 3838—2002）Ⅲ类水域（划定的保护区和游泳区除外）和排入《海水水质标准》（GB 3097—1997）中二类海域的污水，执行一级标准；排入《地表水环境质量标准》中Ⅳ、Ⅴ类水域和排入《海水水质标准》中三类海域的污水，执行二级标准。

10. D 11. B 12. B 13. B 14. D 15. D 16. B 17. D

18. B 【解析】《地表水环境质量标准》规定的项目标准值，要求水样采集后自然沉降 30 min，取上层非沉降部分按规定方法进行分析。

19. D 【解析】第三类海水适用于一般工业用水区和滨海风景旅游区。一、二类海水水质较好，也适用于一般工业用水。

20. C

21. A 【解析】第一类适用于海洋渔业水域，海上自然保护区和珍稀濒临海洋生物保护区。

22. B 【解析】淀粉业执行《淀粉工业水污染排放标准》（GB 25461—2010）；白酒业执行《发酵酒精和白酒工业水污染物排放标准》（GB 27631—2011）；制糖业执行《制糖工业水污染物排放标准》（GB 21909—2008）。

23．A　【解析】高频考点。第一类污染物共 13 种，包括：总汞、烷基汞、总镉、总铬、六价铬、总砷、总铅、总镍、苯并[a]芘、总铍、总银、总α放射性、总β放射性。

24．B

25．B　【解析】温度的标准与地表水的级别相同。

26．C

27．C　【解析】排入二类海域的污水，执行一级标准。

28．A　【解析】铜不是第一类污染物。

29．B　【解析】工业污水按生产周期确定监测频率。生产周期小于 8 h 的，每 2 h 采样一次；生产周期大于 8 h 的，每 4 h 采样一次。

30．C　【解析】地表水环境质量评价应根据应实现的水域功能类别，选取相应类别标准，进行单因子评价，评价结果应说明水质达标情况，超标的应说明超标项目和超标倍数。

31．A　【解析】船舶有行业排放标准。

32．D　【解析】铜不是第一类污染物。

33．D　【解析】人体非直接接触的娱乐用水区适用Ⅳ类标准。

34．C　【解析】海水浴场适用《海水水质标准》第二类水质类别。

35．D　【解析】《地表水环境质量标准》（GB 3838—2002）中Ⅰ、Ⅱ类水域和Ⅲ类水域中划定的保护区，《海水水质标准》（GB 3097—1997）中一类海域，禁止新建排污口，现有排污口按水体功能要求，实行污染物总量控制，以保证受纳水体水质符合规定用途的水质标准。

36．B

37．A　【解析】水质评价的原则：（1）地表水环境质量评价应根据应实现的水域功能类别，选取相应类别标准，进行单因子评价，评价结果应说明水质达标情况，超标的应说明超标项目和超标倍数。（2）丰、平、枯水期特征明显的水域，应分水期进行水质评价。

38．A　【解析】按照海域的不同使用功能和保护目标，海水水质分四类：第一类适用于海洋渔业水域，海上自然保护区和珍稀濒危海洋生物保护区；第二类适用于水产养殖区、海水浴场、人体直接接触海上运动或娱乐区，以及与人类食用直接有关的工业用水区；第三类适用于一般工业用水区，滨海风景旅游区；第四类适用于海洋港口水域，海洋开发作业区。

39．C　【解析】要牢记第一类污染物 13 种：总汞、烷基汞、总镉、总铬、六价铬、总砷、总铅、总镍、苯并[a]芘、总铍、总银、总α放射性、总β放射性（简记为：砷铅镍汞镉铬铍银放射苯并[a]芘）。

40．C　【解析】工业污水按生产周期确定监测频率。生产周期>8 h 的，每 4 h

采样一次。第一类污染物不分行业和污水排放方式，也不分受纳水体的功能类别，一律在车间或车间处理设施排放口采样（采矿行业的尾矿坝出水口不得视为车间排放口）。

41．D 【解析】依据地表水水域环境功能和保护目标，按功能高低依次划分为五类：Ⅰ类主要适用于源头水、国家自然保护区；Ⅱ类主要适用于集中式生活饮用水地表水水源地一级保护区、珍稀水生生物栖息地、鱼虾类产卵场、仔稚幼鱼的索饵场等；Ⅲ类主要适用于集中式生活饮用水地表水水源地二级保护区、鱼虾类越冬场、洄游通道、水产养殖区等渔业水域及游泳区；Ⅳ类主要适用于一般工业用水区及人体非直接接触的娱乐用水区；Ⅴ类主要适用于农业用水区及一般景观要求水域。

42．D 【解析】地表水环境质量标准基本项目中常规项目的监测分析方法如下表所示：

项目	分析方法	最低检出限/（mg/L）	项目	分析方法	最低检出限/（mg/L）
水温	温度计法		五日生化需氧量	稀释与接种法	2
pH	玻璃电极法		氨氮	纳氏试剂比色法	0.05
溶解氧	碘量法	0.2		水杨酸分光光度法	0.01
	电化学探头法		总磷	钼酸氨分光光度法	0.01
高锰酸盐指数		0.5	总氮	碱性过硫酸钾消解紫外分光光度法	0.05
化学需氧量	重铬酸盐法	当取样体积为 10 mL 时，检出限为 4 mg/L，测定下限为 16 mg/L			

注：最低检出限为本标准叫法，教材将最低检出限改为测定下限，严格说二者定义和含义不同

43．A 【解析】按照海域的不同使用功能和保护目标，海水水质分四类。第一类适用于海洋渔业水域，海上自然保护区和珍稀濒危海洋生物保护区。第二类适用于水产养殖区、海水浴场、人体直接接触海上运动或娱乐区，以及与人类食用直接有关的工业用水区。第三类适用于一般工业用水区，滨海风景旅游区。第四类适用于海洋港口水域，海洋开发作业区。

44．A 【解析】第一类污染物 13 种要牢记，总汞、烷基汞、总镉、总铬、六价铬、总砷、总铅、总镍、苯并[*a*]芘、总铍、总银、总α放射性、总β放射性（简记为：砷铅镍汞镉铬铍银放射苯并[*a*]芘）。第一类污染物，不分行业和污水排放方式，也不分受纳水体的功能类别，一律在车间或车间处理设施排放口采样，其最高允许排放浓度必须达到本标准要求（采矿行业的尾矿坝出水口不得视为车间排放口）。第二类污染物，在排污单位排放口采样，其最高允许排放浓度必须达到本标准要求。

45．D

46．C 【解析】《地表水环境质量标准》适用于中华人民共和国领域内江河、湖

泊、运河、渠道、水库等具有使用功能的地表水水域。

47. B 【解析】根据《海水水质标准》第 5 条，污水集中排放形成的混合区不得影响邻近功能区的水质和鱼类洄游通道。

48. D 【解析】根据《污水综合排放标准》4.1：排入 GB 3838Ⅲ类水域（划定的保护区和游泳区除外）和排入 GB 3097 中的二类海域的污水，执行一级标准；排入 GB 3838 中Ⅳ、Ⅴ类水域和排入 GB 3097 中三类海域的污水，执行二级标准；GB 3838 中Ⅰ、Ⅱ类水域和Ⅲ类水域中划定的保护区，GB 3097 中一类海域，禁止新建排污口，现有排污口应按水体功能要求，实行污染物总量控制，以保证受纳水体水质符合规定用途的水质标准。

二、不定项选择题

1. AB

2. BD 【解析】4 个选项都是与鱼虾有关，注意“鱼虾类产卵场”“仔稚幼苗的索饵场”对于水质的要求较高，属Ⅱ类功能区。

3. ABD 【解析】集中式生活饮用水地表水水源地水质评价的项目应包括《地表水环境质量标准》中的基本项目、补充项目以及由县级以上人民政府环境保护行政主管部门选择确定的特定项目。

4. ABD 【解析】丰、平、枯水期明显的水域，应分水期进行水质评价。关于水质评价的原则，2011 年也出现了一题，这个原则包括的几句话，全部都考了。

5. ABD 【解析】《地表水环境质量标准》中的基本项目适用于中华人民共和国领域内江河、湖泊、运河、渠道、水库等具有使用功能的地表水水域。具有特定功能的水域，执行相应的专业用水水质标准，如《海水水质标准》（GB 3097—1997）、《渔业水质标准》（GB 11607—89）、《农田灌溉水质标准》（GB 5084—2005）等。

6. ABD 7. CD 8. BD 9. BD 10. ACD 11. AD

12. BC 【解析】排入 GB 3838 中Ⅲ类水域的污水执行一级标准。排入设置二级污水处理厂的城镇排水系统的污水执行三级标准。

13. ABC 【解析】地表水环境质量标准基本项目适用于全国江河、湖泊、运河、渠道、水库等具有使用功能的地表水水域。

14. ABCD 【解析】《污水综合排放标准》适用于现有单位水污染物的排放管理，以及建设项目的环境影响评价、建设项目环境保护设施设计、竣工验收及其投产后的排放管理。

15. A 【解析】根据《污水综合排放标准》，第一类污染物包括总汞、烷基汞、总镉、总铬、六价铬、总砷、总铅、总镍、苯并[a]芘、总铍、总银、总 α 放射性、总 β 放射性。

第五章　地下水环境影响评价技术导则及相关标准

引言:《环境影响评价技术导则　地下水环境》(HJ 610—2016) 于 2016 年 1 月发布，2016 年后有考题。

第一节　环境影响评价技术导则　地下水环境

一、单项选择题（每题的备选项中，只有一个最符合题意）

1. 根据《环境影响评价技术导则　地下水环境》，下列因素中，属于建设项目地下水环境影响评价工作等级分级表中等级划分依据的是（　　）。（2016 年考题）

A. 污水排放量　　B. 地下水水位

C. 地下水埋藏条件　　D. 地下水环境敏感程度

2. 根据《环境影响评价技术导则　地下水环境》，下列项目中，应进行地下水环境影响一级评价的是（　　）。（2016 年考题）

A. 线性工程项目

B. 地下水环境影响行业分类为 I 类的项目

C. 地质条件较好的含水层储油等形式的地下储油库项目

D. 位于热水、矿泉水、温泉水等特殊地下水资源保护区的项目

3. 某建设项目地下水环境影响评价工作等级为一级。根据《环境影响评价技术导则　地下水环境》，该项目调查评价区环境水文地质资料的调查精度应不低于（　　）。（2016 年考题）

A. 1∶10 000　　B. 1∶50 000

C. 1∶100 000　　D. 1∶200 000

4. 根据《环境影响评价技术导则　地下水环境》，关于地下水环境现状调查评价范围的说法，错误的是（　　）。（2016 年考题）

A. 线性工程应以工程边界两侧向外延伸 200 m 作为调查评价范围

B. 穿越应用水水源保护区时，调查评价范围应至少包含水源保护区

C．地下水环境现状调查评价范围应包括与建设项目相关的重要地下水环境保护目标

D．地下水环境影响评价工作等级为一级的项目，地下水环境现状调查评价范围不小于 50 km^2

5．某建设项目地下水环境影响评价工作等级为一级。根据《环境影响评价技术导则　地下水环境》，该项目场地及其下游影响区的地下水水质监测点原则上不得少于（　　）。（2016 年考题）

A．7 个　　B．5 个　　C．3 个　　D．2 个

6．根据《环境影响评价技术导则　地下水环境》，确定地下水污染防渗区可不考虑的因素是（　　）。（2016 年考题）

A．污染物类型　　B．污染控制难易程度

C．地下水埋深　　D．天然包气带防污性能

7．根据《环境影响评价技术导则　地下水环境》，建设项目按其对地下水环境影响的程度分为（　　）。（2017 年考题）

A．二类　　B．三类　　C．四类　　D．五类

8．根据《环境影响评价技术导则　地下水环境》，关于地下水环境影响识别的说法，错误的是（　　）。（2017 年考题）

A．地下水污染特征因子应根据建设项目液体物料成分等进行识别

B．地下水环境敏感程度应根据建设项目的地下水环境敏感特征进行识别

C．地下水环境影响应根据建设项目建设期和运营期两个阶段的工程特征进行识别

D．对于随生产运行时间推移对地下水环境影响可能加剧的建设项目，应按运营期的变化特征分初、中、后期分别进行环境影响识别

9．某建设项目位于规划的地下水集中式饮用水水源保护区。根据《环境影响评价技术导则　地下水环境》，判定该项目的地下水环境敏感程度为（　　）。（2017 年考题）

A．敏感　　B．较敏感

C．不敏感　　D．判据不充分，无法判定

10．某焦化项目位于地下热水资源较丰富的滨海区。根据《环境影响评价技术导则　地下水环境》，判定该项目的地下水环境影响评价工作等级为（　　）。（2017 年考题）

A．一级　　B．二级

C．三级　　D．判据不充分，无法判定

11．某建设项目地下水环境影响评价工作等级为二级。根据《环境影响评价技

术导则　地下水环境》，该项目场地及其下游影响区的地下水水质监测点原则上不得少于（　　）个。（2017 年考题）

A. 2　　B. 3　　C. 5　　D. 7

12. 根据《环境影响评价技术导则　地下水环境》，关于重点防渗区防渗技术要求的说法，正确的是（　　）。（2017 年考题）

A. 等效黏土防渗层厚度 Mb≥6.0 m，渗透系数 $K \leq 1.0 \times 10^{-7}$ cm/s

B. 等效黏土防渗层厚度 Mb≥3.0 m，渗透系数 $K \leq 1.0 \times 10^{-7}$ cm/s

C. 等效黏土防渗层厚度 Mb≥1.5 m，渗透系数 $K \leq 1.0 \times 10^{-7}$ cm/s

D. 等效黏土防渗层厚度 Mb≥1.0 m，渗透系数 $K \leq 1.0 \times 10^{-7}$ cm/s

13. 根据《环境影响评价技术导则　地下水环境》，社区医疗、卫生院建设项目地下水环境影响评价的项目类别是（　　）。（2018 年考题）

A. Ⅰ类　　B. Ⅱ类　　C. Ⅲ类　　D. Ⅳ类

14. 根据《环境影响评价技术导则　地下水环境》，地下水现状调查与评价阶段的工作内容不包括（　　）。（2018 年考题）

A. 环境水文地质调查　　B. 地下水污染源调查

C. 地下水环境现状监测　　D. 地下水环境评价范围确定

15. 根据《环境影响评价技术导则　地下水环境》，地下水环境影响识别内容可不包括（　　）。（2018 年考题）

A. 可能造成地下水污染的装置和设施

B. 评价区地下水污染特征及污染程度

C. 建设项目可能导致地下水污染的特征因子

D. 建设项目服务期满后可能的地下水污染途径

16. 某建设项目位于规划的地下水集中式饮用水水源准保护区以外的补给径流区，根据《环境影响评价技术导则　地下水环境》，该项目地下水环境敏感程度为（　　）。（2018 年考题）

A. 敏感　　B. 较敏感　　C. 不敏感　　D. 无法判定

17. 某地面以下的化学品输送管道项目，穿越一集中式应急饮用水水源准保护区，根据《环境影响评价技术导则　地下水环境》，该项目地下水环境影响评价工作等级判定为（　　）。（2018 年考题）

A. 一级　　B. 二级　　C. 三级　　D. 无法判定

18. 某项目的地下水环境影响评价工作等级为一级，根据《环境影响评价技术导则　地下水环境》，该项目场地及其下游影响区的地下水水质监测点数量不得少于（　　）。（2018 年考题）

A. 1 个　　B. 3 个　　C. 5 个　　D. 7 个

19．根据《环境影响评价技术导则　地下水环境》，地下水环境影响预测的内容应给出（　　）。（2018 年考题）

A．基本水质因子不同时段在包气带中的迁移规律

B．基本水质因子不同时段在地下水中的影响范围和程度

C．预测期内水文地质单元边界处特征因子随时间的变化规律

D．预测期内地下水环境保护目标处特征因子随时间的变化规律

20．根据《环境影响评价技术导则　地下水环境》，下列情景组合中，应确定地下水污染防治分区为重点防渗区的是（　　）。（2018 年考题）

A．污染物为重金属+天然包气带防污性能为“强”+污染控制难易程度为“易”

B．污染物为重金属+天然包气带防污性能为“中”+污染控制难易程度为“难”

C．污染物为氨氮+天然包气带防污性能为“弱”+污染控制难易程度为“难”

D．污染物为氨氮+天然包气带防污性能为“强”+污染控制难易程度为“易”

21．根据《环境影响评价技术导则　地下水环境》（HJ 610—2016），下列区域中，地下水环境敏感程度分级属于较敏感的是（　　）。（2019 年考题）

A．温泉水地下水资源保护区　　B．分散式饮用水水源地

C．备用集中式饮用水水源准保护区　　D．规划的集中饮用水水源准保护区

22．某建设项目地下水环境影响评价项目类别为Ⅲ类项目，评级范围涉及矿泉水地下水资源保护区，根据《环境影响评价技术导则　地下水环境》（HJ 610—2016），该项目地下水环境影响评价等级为（　　）。（2019 年考题）

A．一级　　B．二级

C．三级　　D．条件不足，无法判断

23．根据《环境影响评价技术导则　地下水环境》（HJ 610—2016），在建设项目地下水评价工作等级为一级时，场地环境水文地质资料的调查精度至少应为（　　）。（2019 年考题）

A．1∶5000 比例尺　　B．1∶10000 比例尺

C．1∶25000 比例尺　　D．1∶50000 比例尺

24．建设项目（除线性工程外）地下水环境影响现状调查评价范围可采用公式计算法确定，计算公式 $L=\alpha \times K \times I \times T/n_e$ 中一般 α 取（　　）。（2019 年考题）

A．1　　B．2　　C．3　　D．4

25．根据《环境影响评价技术导则　地下水环境》（HJ 610—2016），关于地下水污染防渗分区的防渗技术要求表达正确的是（　　）。（2019 年考题）

A．重点防渗区等效黏土防渗层 Mb≥6.0 m，$K \leqslant 10^{-6}$cm/s

B．简单防渗区只进行一般地面硬化即可

C．一般防渗区可参照危险废物填埋场污染控制标准执行

D．一般防渗区 Mb≥1.5 m，$K \leq 10^{-6}$cm/s

26．根据《环境影响评价技术导则　地下水环境》（HJ 610—2016），关于建设项目地下水环境影响预测方法选取的说法正确的有（　　）。（2019 年考题）

A．一级评价应采用数值法　　B．二级评价建议优先采用数值法

C．三级评价应采用解析法　　D．三级评价可采用类比分析法

27．根据《环境影响评价技术导则　地下水环境》（HJ 610—2016），识别建设项目可能导致地下水污染的特征因子不考虑（　　）。（2020 年考题）

A．项目所在区域地下水主要污染成分

B．项目污废水成分

C．项目固废浸出液成分

D．项目液体物料成分

28．某项目场地下游紧邻分散式饮用水水源地。根据《环境影响评价技术导则　地下水环境》（HJ 610—2016），该项目地下水环境敏感程度应确定为（　　）。（2020 年考题）

A．极敏感　　B．敏感　　C．较敏感　　D．不敏感

29．某项目地下水环境影响评价工作等级为一级。根据《环境影响评价技术导则　地下水环境》（HJ 610—2016），关于该项目评价区的环境水文地质资料调查精度的说法，正确的是（　　）。（2020 年考题）

A．调查精度应不低于 1:10000 比例尺

B．调查精度应不低于 1:50000 比例尺

C．调查精度以不低于 1:10000 比例尺为宜

D．调查精度以不低于 1:50000 比例尺为宜

30．根据《环境影响评价技术导则　地下水环境》（HJ 610—2016），输油管线项目地下水调查评价范围是以工程沿线边界两侧分别向外延伸（　　）。（2020 年考题）

A．100 m　　B．200 m　　C．500 m　　D．1 000 m

31．某化学原料制造项目共涉及 4 个场地。其天然包气带垂向渗透系数和厚度分别为 1.2×10^{-5}cm/s 和 120 m、3.2×10^{-7}cm/s 和 90 m、2.1×10^{-7}cm/s 和 110 m、1.3×10^{-5}cm/s 和 80 m。根据《环境影响评价技术导则　地下水环境》（HJ 610—2016），该项目预测范围应扩展至包气带的场地数量是（　　）。（2020 年考题）

A．1 个　　B．2 个　　C．3 个　　D．4 个

32．根据《环境影响评价技术导则　地下水环境》（HJ 610—2016），地下水环境影响预测模型概化的工作内容不包括（　　）。（2020 年考题）

A．水文地质条件概化　　B．污染源概化

C. 水文地质参数初始值确定　　D. 预测时段确定

33. 根据《环境影响评价技术导则　地下水环境》(HJ 610—2016)，建设项目防渗技术要求不考虑（　　）。(2020 年考题)

A. 污染物浓度　　B. 污染控制难易程度

C. 污染物特性　　D. 场地天然包气带防污性能

二、不定项选择题（每题的备选项中至少有一个符合题意）

1. 根据《环境影响评价技术导则　地下水环境》，关于地下水质量现状监测取样要求的说法，正确的有（　　）。(2017 年考题)

A. 建设项目为新建有色金属冶炼项目，且特征因子为六价铬时，应至少在含水层底部取一个样品

B. 建设项目为改、扩建有色金属冶炼项目，且特征因子为六价铬时，应至少在含水层底部取一个样品

C. 建设项目为新建项目，且特征因子为 DNAPLs（重质非水相液体）时，应至少在含水层底部取一个样品

D. 建设项目为改、扩建项目，且特征因子为 DNAPLs（重质非水相液体）时，应至少在含水层底部取一个样品

2. 根据《环境影响评价技术导则　地下水环境》，下列地下水评价工作等级为二级的建设项目中，应开展枯、丰二期地下水水位监测的有（　　）。(2017 年考题)

A. 位于沙漠分布区的建设项目

B. 位于丘陵山区分布区的建设项目

C. 位于岩溶裂隙分布区的建设项目

D. 位于山前冲（洪）积分布区的建设项目

3. 根据《环境影响评价技术导则　地下水环境》，关于地下水环境影响预测范围确定的说法，正确的有（　　）。(2018 年考题)

A. 地下水环境影响预测范围通常与调查评价范围一致

B. 预测层应以潜水含水层或污染物直接进入的含水层为主

C. 当建设项目场地包气带厚度超过 100 m 时，预测范围应扩展至包气带

D. 当建设项目场地天然包气带垂向渗透系数小于 1×10^{-7}cm/s 时，预测范围应扩展至包气带

4. 某工业污水集中处理项目，位于黄土地区分散式饮用水水源地分布区，缺少连续的地下水水位和水质因子监测资料，根据《环境影响评价技术导则　地下水环境》，该项目现状调查的水位监测频率应包括（　　）。(2018 年考题)

A. 洪汛期　　B. 丰水期　　C. 平水期　　D. 枯水期

5．根据《环境影响评价技术导则　地下水环境》(HJ 610—2016)，地下水水质现状监测因子原则上应包括的类别有（　　）。(2019 年考题）

A．基本水质因子　　B．特征因子

C．常规水质因子　　D．特殊因子

6．根据《环境影响评价技术导则　地下水环境》(HJ 610—2016)，关于二级评价项目地下水水质监测点布设的具体要求的说法正确的有（　　）。(2019 年考题）

A．潜水含水层的水质监测点应不少于 7 个

B．可能受建设项目影响且具有饮用水开发利用价值的含水层 2～5 个

C．原则上建设项目场地上游和两侧的地下水水质监测点均不得少于 1 个

D．原则上建设项目场地及其下游影响区的地下水水质监测点均不得少于 3 个

7．评价等级为二级的建设项目位于黄土地区，缺乏近 3 年内地下水水位动态监测资料和水质监测数据，根据《环境影响评价技术导则　地下水环境》(HJ 610—2016)，下列关于地下水环境现状监测频率的说法正确的有（　　）。(2019 年考题）

A．水位监测频率为枯、平、丰水期　　B．水位监测频率为一期

C．水位监测频率为二期　　D．水质监测频率为一期

参考答案

一、单项选择题

1．D　【解析】建设项目的地下水环境敏感程度可分为敏感、较敏感、不敏感三级。

2．C　【解析】对于利用废弃盐岩矿井洞穴或人工专制盐岩洞穴、废弃矿井巷道加水幕系统、人工硬岩洞库加水幕系统、地质条件较好的含水层储油、枯竭的油气层储油等形式的地下储油库，危险废物填埋场应进行一级评价，不按导则的列表划分评价工作等级。

3．B　【解析】一级评价要求场地环境水文地质资料的调查精度应不低于 1∶10 000 比例尺，评价区的环境水文地质资料的调查精度应不低于 1∶50 000 比例尺。

4．D　【解析】查表法：地下水环境影响评价工作等级为一级的项目，地下水环境现状调查评价范围≥20 km^2。

5．C　【解析】建设项目场地及其下游影响区的地下水水质监测点一级不得少于 3 个，二级不得少于 2 个，三级不行少于 1 个。

6．C　7．C

8．C　【解析】地下水环境影响的识别应在初步工程分析和确定地下水环境保护目标的基础上进行。根据建设项目建设期、运营期和服务期满后三个阶段的工程特征，识别其“正常状况”和“非正常状况”下的地下水环境影响。

9．A

10．A　【解析】焦化项目做报告书，属地下水的Ⅰ类。

11．A　【解析】二级评价项目潜水含水层的水质监测点应不少于5个，可能受建设项目影响且具有饮用水开发利用价值的含水层2～4个。原则上建设项目场地上游和两侧的地下水水质监测点均不得少于1个，建设项目场地及其下游影响区的地下水水质监测点不得少于2个。

12．A

13．D　【解析】查《环境影响评价技术导则　地下水环境》附录A地下水环境影响评价行业分类表。此知识点庞杂，无法记忆，性价比太低，可忽略。

14．D　【解析】见下图：

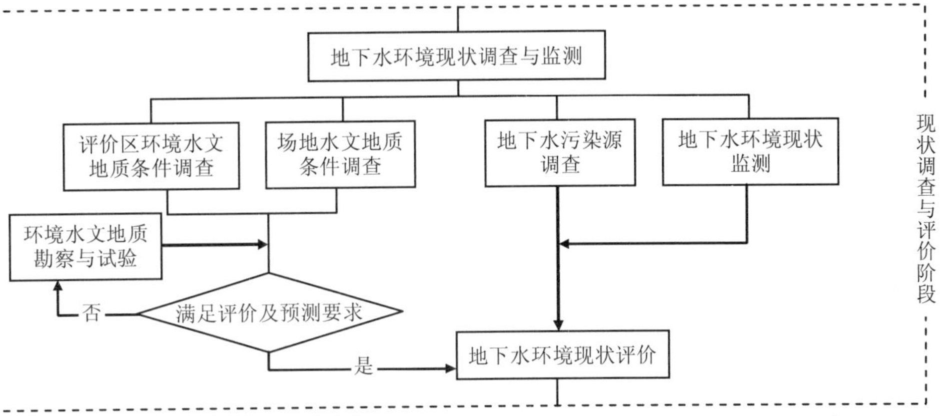

15．B　【解析】根据《环境影响评价技术导则　地下水环境》5.3：建设项目地下水环境影响识别的内容：（1）识别可能造成地下水污染的装置和设施（位置、规模、材质等）及建设项目在建设期、运营期、服务期满后可能的地下水污染途径。（2）识别建设项目可能导致地下水污染的特征因子。特征因子应根据建设项目污废水成分（可参照《环境影响评价技术导则　地表水环境》（HJ/T 2.3—2008）中的特征水质参数表）、液体物料成分、固废浸出液成分等确定。

16．B　【解析】见地下水环境敏感程度分级表

分级	地下水环境敏感特征
敏感	集中式饮用水水源（包括已建成的在用、备用、应急水源，在建和规划的饮用水水源）准保护区；除集中式饮用水水源以外的国家或地方政府设定的与地下水环境相关的其他保护区，如热水、矿泉水、温泉等特殊地下水资源保护区

分级	地下水环境敏感特征
较敏感	集中式饮用水水源（包括已建成的在用、备用、应急水源，在建和规划的饮用水水源）准保护区以外的补给径流区；未划定准保护区的集中式饮用水水源，其保护区以外的补给径流区；分散式饮用水水源地；特殊地下水资源（如矿泉水、温泉等）保护区以外的分布区等其他未列入上述敏感分级的环境敏感区
不敏感	上述地区之外的其他地区

注：表中“环境敏感区”系指《建设项目环境影响评价分类管理名录》中所界定的涉及地下水的环境敏感区。

17．A 【解析】评价工作等级的划分应依据建设项目行业分类和地下水环境敏感程度分级进行判定，可划分为一级、二级、三级。根据附录 A 确定建设项目所属的地下水环境影响评价项目类别。地面以下的化学品输送管道为Ⅱ类项目，集中式应急饮用水水源准保护区地下水环境敏感程度为敏感，根据评价工作等级分级表，该项目地下水环境影响评价工作等级判定为一级。评价工作等级分级表简记为：敏感 112，较敏感 123，不敏感 233。从行、列看都是 112、123、233 这个规律。

评价工作等级分级表

环境敏感程度＼项目类别	Ⅰ类项目	Ⅱ类项目	Ⅲ类项目
敏感	一	一	二
较敏感	一	二	三
不敏感	二	三	三

18．B 【解析】根据《环境影响评价技术导则　地下水环境》8.3.3.3：一级评价项目潜水含水层的水质监测点应不少于 7 个，可能受建设项目影响且具有饮用水开发利用价值的含水层 3～5 个。原则上建设项目场地上游和两侧的地下水水质监测点均不得少于 1 个，建设项目场地及其下游影响区的地下水水质监测点不得少于 3 个。

19．D 【解析】根据《环境影响评价技术导则　地下水环境》9.9：地下水环境影响的预测内容：给出特征因子不同时段的影响范围、程度，最大迁移距离；给出预测期内场地边界或地下水环境保护目标处特征因子随时间的变化规律；当建设项目场地天然包气带垂向渗透系数小于 1×10^{-6}cm/s 或厚度超过 100 m 时，须考虑包气带阻滞作用，预测特征因子在包气带中迁移；污染场地修复治理工程项目应给出污染物变化趋势或污染控制的范围。

20．B 【解析】地下水污染防渗分区参照下表。氨氮属于其他污染物类型。

<table>
<tr><th>防渗分区</th><th>天然包气带防污性能</th><th>污染控制难易程度</th><th>污染物类型</th><th>防渗技术要求</th></tr>
<tr><td rowspan="3">重点防渗区</td><td>弱</td><td>难</td><td rowspan="3">重金属
持久性有机污染物</td><td rowspan="3">等效黏土防渗层 Mb≥6.0 m，K≤10^{-7}cm/s，或参照《危险废物填埋场污染控制标准》执行</td></tr>
<tr><td>中—强</td><td>难</td></tr>
<tr><td>弱</td><td>易</td></tr>
<tr><td rowspan="4">一般防渗区</td><td>弱</td><td>易—难</td><td rowspan="2">其他类型</td><td rowspan="4">等效黏土防渗层 Mb≥1.5 m，K≤10^{-7}cm/s，或参照《生活垃圾填埋场污染控制标准》执行</td></tr>
<tr><td>中—强</td><td>难</td></tr>
<tr><td>中</td><td>易</td><td rowspan="2">重金属
持久性有机污染物</td></tr>
<tr><td>强</td><td>易</td></tr>
<tr><td>简单防渗区</td><td>中—强</td><td>易</td><td>其他类型</td><td>一般地面硬化</td></tr>
</table>

21．B 【解析】集中式饮用水水源（包括已建成的在用、备用、应急水源，在建和规划的饮用水水源）准保护区以外的补给径流区；未划定准保护区的集中式饮用水水源，其保护区以外的补给径流区；分散式饮用水水源地；特殊地下水资源（如矿泉水、温泉等）保护区以外的分布区等其他未列入上述敏感分级的环境敏感区，为较敏感。

22．B

23．B 【解析】一级评价要求场地环境水文地质资料的调查精度应不低于 1∶10 000 比例尺，评价区的环境水文地质资料的调查精度应不低于 1∶50 000 比例尺。二级评价环境水文地质资料的调查精度要求能够清晰反映建设项目与环境敏感区、地下水环境保护目标的位置关系，并根据建设项目特点和水文地质条件复杂程度确定调查精度，建议一般以不低于 1∶50 000 比例尺为宜。简要记为：调查精度要简记，全部都是不低于，一级一万是场地，精度五万评价区，二级五万需牢记。

24．B 【解析】公式计算法确定地下水环境影响现状调查评价范围：$L=\alpha\times K\times I\times T/n_e$，式中：$L$—下游迁移距离，m；$\alpha$—变化系数，$\alpha\geq 1$，一般取 2；$K$—渗透系数，m/d；$I$—水力坡度，无量纲；$T$—质点迁移天数，取值不小于 5 000 d；$n_e$—有效孔隙度，无量纲。

25．B

26．D 【解析】预测方法的选取应根据建设项目工程特征、水文地质条件及资料掌握程度来确定，当数值方法不适用时，可用解析法或其他方法预测。一般情况下，一级评价应采用数值法，不宜概化为等效多孔介质的地区除外；二级评价中水文地质条件复杂且适宜采用数值法时，建议优先采用数值法；三级评价可采用解析法或类比分析法。

27．A 【解析】根据《环境影响评价技术导则 地下水环境》5.3.2：特征因子应根据建设项目污废水成分、液体物料成分、固废浸出液成分等确定。

28．C 【解析】地下水环境敏感程度分级参照下表确定。

分级	地下水环境敏感特征
敏感	集中式饮用水水源（包括已建成的在用、备用、应急水源，在建和规划的饮用水水源）准保护区；除集中式饮用水水源以外的国家或地方政府设定的与地下水环境相关的其他保护区，如热水、矿泉水、温泉等特殊地下水资源保护区
较敏感	集中式饮用水水源（包括已建成的在用、备用、应急水源，在建和规划的饮用水水源）准保护区以外的补给径流区；未划定准保护区的集中式饮用水水源，其保护区以外的补给径流区；分散式饮用水水源地；特殊地下水资源（如矿泉水、温泉等）保护区以外的分布区等其他未列入上述敏感分级的环境敏感区
不敏感	上述地区之外的其他地区

注：表中“环境敏感区”系指《建设项目环境影响评价分类管理名录》中所界定的涉及地下水的环境敏感区。

29．B 【解析】根据《环境影响评价技术导则 地下水环境》7.5.1：一级评价要求场地环境水文地质资料的调查精度应不低于 1∶10 000 比例尺，评价区的环境水文地质资料的调查精度应不低于 1∶50 000 比例尺。

30．B 【解析】根据《环境影响评价技术导则 地下水环境》8.2.2.2：线性工程应以工程边界两侧向外延伸 200 m 作为调查评价范围。

31．B 【解析】根据《环境影响评价技术导则 地下水环境》9.2.3：当建设项目场地天然包气带垂向渗透系数小于 1×10^{-6}cm/s 或厚度超过 100 m 时，预测范围应扩展至包气带。

32．D 【解析】根据《环境影响评价技术导则 地下水环境》9.8：预测模型概化包括水文地质条件概化、污染源概化、水文地质参数初始值的确定。

33．A 【解析】根据《环境影响评价技术导则 地下水环境》11.2.2.1：未颁布相关标准的行业，根据预测结果和场地包气带特征及其防污性能，提出防渗技术要求；或根据建设项目场地天然包气带防污性能、污染控制难易程度和污染物特性，参照地下水污染防渗分区参照表提出防渗技术要求。

二、不定项选择题

1．D 【解析】地下水水质现状监测取样要求有 3 个：① 地下水水质取样应根据特征因子在地下水中的迁移特性选取适当的取样方法。② 一般情况下，只取一个水质样品，取样点深度宜在地下水位以下 1.0 m 左右。③ 建设项目为改、扩建项目，且特征因子为 DNAPLs（重质非水相液体）时，应至少在含水层底部取一个样品。虽然只有一个答案，但属不定项选择题。

2．D 【解析】对于地下水导则中的“表 4 地下水环境现状监测频率参照表”，特殊性质的监测频率要记住。

3. ABCD　【解析】地下水环境影响预测范围一般与调查评价范围一致，预测层位应以潜水含水层或污染物直接进入的含水层为主，兼顾与其水力联系密切且具有饮用水开发利用价值的含水层。当建设项目场地天然包气带垂向渗透系数小于 1×10^{-6} cm/s 或厚度超过 100 m 时，预测范围应扩展至包气带。注意，D 选项的表述为：当建设项目场地天然包气带垂向渗透系数小于 1×10^{-7} cm/s 时，预测范围应扩展至包气带。1×10^{-7} cm/s 小于 1×10^{-6} cm/s，所以预测范围更应扩展至包气带。

4. BCD　【解析】工业污水集中处理项目为Ⅰ类（地下水类型需要从《环境影响评价技术导则　地下水环境》附录中查），分散式饮用水水源地分布区地下水环境敏感程度为较敏感，所以评价工作等级为一级，位于黄土地区，水位监测频率为枯、平、丰三期。

5. AB　【解析】地下水水质现状监测因子原则上应包括两类：基本水质因子、特征因子。注意：地下水水质现状监测要检测分析地下水环境中 K^++Na^+、Ca^{2+}、Mg^{2+}、CO_3^{2-}、HCO_3^-、Cl^-、SO_4^{2-}的浓度。简记为：钾钠钙镁，氯硫二碳。注意：其实是八种离子浓度，但 K^+、Na^+沿用地下水行业的惯例，需一起检测，所以也可以说七种离子浓度，K^++Na^+不要分开写。八种离子相当于地下水的“血型”，是了解和查明地下水化学组分空间分布现状的基本项目，但这些不属于地下水水质现状监测因子。

6. C　【解析】地下水水质监测点布设的具体要求：二级评价项目潜水含水层的水质监测点应不少于 5 个，可能受建设项目影响且具有饮用水开发利用价值的含水层 2～4 个。原则上建设项目场地上游和两侧的地下水水质监测点均不得少于 1 个，建设项目场地及其下游影响区的地下水水质监测点不得少于 2 个。

7. BD　【解析】不同评价工作等级地下水环境现状监测频率的要求：（1）水位监测频率要求：①评价等级为一级的建设项目，若掌握近 3 年内至少一个连续水文年的枯、平、丰水期地下水位动态监测资料，评价期内至少开展一期地下水水位监测；若无上述资料，依据表 4 开展水位监测。②评价等级为二级的建设项目，若掌握近 3 年内至少一个连续水文年的枯、丰水期地下水位动态监测资料，评价期可不再开展现状地下水位监测；若无上述资料，依据表 4 开展水位监测。③评价等级为三级的建设项目，若掌握近 3 年内至少一期的监测资料，评价期内可不再进行现状水位监测；若无上述资料，依据表 4 开展水位监测。（2）基本水质因子的水质监测频率应参照表 4，若掌握近 3 年至少一期水质监测数据，基本水质因子可在评价期补充开展一期现状监测；特征因子在评价期内需至少开展一期现状值监测。（3）在包气带厚度超过 100 m 的评价区或监测井较难布置的基岩山区，若掌握近 3 年内至少一期的监测资料，评价期内可不进行现状水位、水质监测；若无上述资料，至少开展一期现状水位、水质监测。

表 4　评价工作等级分级表

频次 / 评价等级 / 分布区	水位监测频率			水质监测频率		
	一级	二级	三级	一级	二级	三级
山前冲（洪）积	枯平丰	枯平	一期	枯丰	枯	一期
滨海（含填海区）	二期[a]	一期	一期	一期	一期	一期
其他平原区	枯丰	一期	一期	枯	一期	一期
黄土地区	枯平丰	一期	一期	二期	一期	一期
沙漠地区	枯丰	一期	一期	一期	一期	一期
丘陵地区	枯丰	一期	一期	一期	一期	一期
岩溶裂隙	枯丰	一期	一期	枯丰	一期	一期
岩溶管道	二期	一期	一期	二期	一期	一期

注：a-“二期”的间隔有明显水位变化，其变化幅度接近年内变幅。

第二节　相关地下水环境标准

一、单项选择题（每题的备选项中，只有一个最符合题意）

1．某地下水水样挥发性酚类（以苯酚计）检测浓度为 0.001 mg/L，苯并[*a*]芘浓度为 0.002 μg/L，根据《地下水质量标准》(标准值见下表)，判定该地下水质量类别为（　　）。（2018 年考题）

指标类别	Ⅰ类	Ⅱ类	Ⅲ类	Ⅳ类	Ⅴ类
挥发性酚类（以苯酚计）/（mg/L）	≤0.001	≤0.001	≤0.002	≤0.01	>0.01
苯并[*a*]芘/（μg/L）	≤0.002	≤0.002	≤0.01	≤0.50	>0.50

A．Ⅰ类　　B．Ⅱ类　　C．Ⅲ类　　D．Ⅳ类

2．根据《地下水质量标准》(GB/T 14848—2017)，关于地下水监测频率的规定，下列说法正确的是（　　）。（2019 年考题）

A．潜水监测频率应不少于每年两次（丰水期和枯水期各 1 次）

B．潜水监测频率应不少于每年两次（平水期和枯水期各 1 次）

C．承压水监测频率可以根据质量变化情况确定，宜每年 1 次（枯水期 1 次）

D．承压水监测频率可以根据质量变化情况确定，宜每年 1 次（平水期 1 次）

3．根据《地下水质量标准》(GB/T 14848—2017)，已知某污染物Ⅰ、Ⅱ、Ⅲ、

Ⅳ类标准分别为 0.001 mg/L、0.001 mg/L、0.002 mg/L、0.01 mg/L，某处地下水该污染物分析测试结果为 0.001 mg/L，采用单指标评价，该地下水质量应为（　　）类。（2019 年考题）

A．Ⅰ　　B．Ⅱ　　C．Ⅲ　　D．Ⅳ

4. 根据《地下水质量标准》(GB/T 14848—2017)，潜水监测频率至少应为(　　)。（2020 年考题）

A．枯水期 1 次　　B．丰水期 1 次

C．丰水期和枯水期各 1 次　　D．平水期 1 次

二、不定项选择题（每题的备选项中至少有一个符合题意）

1．根据《地下水质量标准》，关于地下水评价，说法正确的有（　　）。（2010 年考题）

A．评价结果应说明水质达标情况

B．地下水质量评价分类指标划分为五类

C．单项组分评价，不同类别标准值相同时，从劣不从优

D．使用两次以上的水质分析资料进行评价时，可分别进行地下水质量评价

2．根据《地下水质量标准》，可直接作为生活饮用水水源的地下水水质类别有（　　）。（2014 年考题）

A．Ⅰ类　　B．Ⅱ类　　C．Ⅲ类　　D．Ⅳ类

3. 根据《地下水质量标准》，下列指标中，属于地下水水质监测项目的有(　　)。（2015 年考题）

A．氰化物　　B．溶解氧　　C．大肠菌群　　D．高锰酸盐指数

参考答案

一、单项选择题

1．A　【解析】地下水质量单指标评价，按指标值所在的限值范围确定地下水质量类别，指标限值相同时，从优不从劣。挥发性酚类Ⅰ、Ⅱ类限值均为 0.001 mg/L，地下水水样挥发性酚类（以苯酚计）检测浓度为 0.001 mg/L，应定为Ⅰ类；Ⅰ、Ⅱ类限值均为 0.002，苯并[*a*]芘地下水水样苯并[*a*]芘浓度 0.002 μg/L，应定为Ⅰ类。地下水质量综合评价，按单指标评价结果最差的类别确定，并指出最差类别的指标。判定该地下水质量类别为Ⅰ类。

2．A　【解析】地下水质量应定期监测。潜水监测频率应不少于每年两次（丰

水期和枯水期各1次），承压水监测频率可以根据质量变化情况确定，宜每年1次。

3．A 【解析】地下水质量单指标评价，按指标值所在的限值范围确定地下水质量类别，指标限值相同时，从优不从劣。示例：挥发性酚类Ⅰ、Ⅱ类限值均为0.001 mg/L，若质量分析结果为0.001 mg/L时，应定为Ⅰ类，不定为Ⅱ类。

4．C 【解析】地下水质量应定期监测。潜水监测频率应不少于每年两次（丰水期和枯水期各1次）。

二、不定项选择题

1．ABD 【解析】选项C应是“从优不从劣”。

2．AB 【解析】Ⅱ类适用于主要反映地下水化学组分的天然背景含量，适用于各种用途。Ⅲ类水以人体健康基准值为依据，主要适用于集中式生活饮用水水源及工、农业用水。

3．ACD 【解析】“溶解氧”属地表水水质监测项目，不属地下水水质监测项目。

第六章　声环境影响评价技术导则及相关标准

引言：声导则与标准的分值为20～31分。2008年颁布了3个声环境标准，2009年以后开始出现考题；2009年颁布声导则，2010年以后开始出现考题。

第一节　环境影响评价技术导则　声环境

一、单项选择题（每题的备选项中，只有一个最符合题意）

1. 各倍频带声压级经能量叠加法求得的和为总声压级。根据《环境影响评价技术导则　声环境》，同一噪声源在相同位置、相同时段测得的评价量中，大小关系必定成立的是（　　）。（2010年考题）

A．总声压级≥A声级　　B．A声级≥总声压级

C．总声压级≥各倍频带声压级　　D．A声级≥各倍频带声压级

2. 根据《环境影响评价技术导则　声环境》，预测紧邻道路第一排第十层居民住宅处的环境噪声影响时，主要考虑的声传播衰减因素是（　　）。（2010年考题）

A．几何发散衰减　　B．地面效应衰减

C．临路建筑引起的声级衰减　　D．绿化林带引起的声级衰减

3. 根据《环境影响评价技术导则　声环境》，关于建设项目实施过程中声环境影响评价时段，说法正确的是（　　）。（2010年考题）

A．建设项目实施过程中，声环境影响评价时段不包括施工期

B．建设项目实施过程中，声环境影响评价时段不包括运行期

C．运行期声源为流动声源时，仅以工程预测近期作为环境影响评价时段

D．运行期声源为固定声源时，固定声源投产运行后作为环境影响评价时段

4. 根据《环境影响评价技术导则　声环境》，关于声环境影响评价范围，说法正确的是（　　）。（2010年考题）

A．声环境影响评价等级为一级的公路建设项目，其评价范围一般为道路用地红线两侧200 m

B．公路建设项目评价范围边界处噪声影响预测值必须能满足相应功能区标准值，否则应适当扩大评价范围

C．声环境影响评价等级为一级的机场建设项目，其评价范围最远至主航迹下跑道两端各 12 km

D．机场周围飞机噪声评价范围应根据飞行量计算到 L_{WECPN} 为 75 dB 的区域

5．根据《环境影响评价技术导则　声环境》，（　　）不属于声环境现状调查内容。（2010 年考题）

A．评价范围内的声环境功能区划

B．评价范围内的地貌特征、地形高差

C．建设项目所在区域的主要气象特征

D．评价范围内现有人群对噪声敏感程度的个体差异

6．根据《环境影响评价技术导则　声环境》，不符合声环境现状监测点布置原则的是（　　）。（2010 年考题）

A．布点应覆盖整个评价范围

B．为满足预测需要，可在评价范围内垂直于线声源不同距离处布设监测点

C．评价范围内没有明显声源，且声级较低时，可选择有代表性的区域布设监测点

D．评价范围内有明显声源，且呈线声源特点时，受影响敏感目标处的现状声级均需实测

7．根据《环境影响评价技术导则　声环境》，可以采用点声源模式进行预测的是（　　）。（2010 年考题）

A．已知距卡车 1 m 处的噪声级，预测距卡车 30 m 处的噪声级

B．已知距卡车 30 m 处的噪声级，预测距卡车 1 m 处的噪声级

C．已知卡车声功率级，预测距卡车 1 m 处的噪声级

D．已知卡车声功率级，预测距卡车 30 m 处的噪声级

8．根据《环境影响评价技术导则　声环境》，（　　）属于拟建停车场声环境影响评价内容。（2010 年考题）

A．场界噪声贡献值及周围敏感目标处噪声预测值达标情况

B．场界噪声预测值及周围敏感目标处噪声贡献值达标情况

C．分析施工场地边界噪声与《工业企业厂界环境噪声排放标准》的相符性

D．分析施工噪声对周围敏感目标的影响与《建筑施工场界噪声限值》的相符性

9．某工厂技改前停止生产情况下，厂界外敏感目标处噪声背景值为 47 dB，正常生产情况下噪声级为 50 dB；技改后厂区噪声对该敏感目标的噪声贡献值为 53 dB。根据《环境影响评价技术导则　声环境》，技改后该敏感目标处的声环境影

响预测值为（　　）dB。（2010 年考题）

A．53　　B．54　　C．55　　D．56

10．某建设项目位于 3 类声环境功能区，项目建设前后评价范围内敏感目标噪声级增加量高达 5 dB（A）。根据《环境影响评价技术导则　声环境》，该项目的声环境评价工作等级应为（　　）。（2011 年考题）

A．一级　　B．二级　　C．三级　　D．四级

11．某建设项目声环境影响评价等级为一级，根据《环境影响评价技术导则　声环境》，关于绘制等声级线图说法正确的是（　　）。（2011 年考题）

A．固定声源评价无须绘制等声级线图

B．机场周围飞机噪声评价无须绘制等声级线图

C．项目流动声源经过路段均应绘制等声级线图

D．项目流动声源经过的城镇建成区和规划区路段应绘制等声级线图

12．根据《环境影响评价技术导则　声环境》，不属于声环境现状调查主要内容的是（　　）。（2011 年考题）

A．声环境敏感目标　　B．拟建项目声源

C．声环境功能区划　　D．主要现状声源

13．某改、扩建城市地面进路两侧紧邻高层居民楼，根据《环境影响评价技术导则　声环境》，预测该居民楼一层处在受道路交通噪声影响时，可忽略的声传播衰减因素是（　　）。（2011 年考题）

A．几何发散衰减　　B．反射体引起的修正

C．大气吸收引起的衰减　　D．声屏蔽引起的衰减

14．根据《环境影响评价技术导则　声环境》，评价受发电厂噪声影响的日托幼儿园的声环境质量，必须选择的评价量是（　　）。（2012 年考题）

A．A 声功率级　　B．最大 A 声级

C．夜间等效声级　　D．昼间等效声级

15．某企业位于 2 类声环境功能区，距离厂界 200 m 的敏感目标处声级昼间为 60 dB（A）、夜间为 55 dB（A）。根据《环境影响评价技术导则　声环境》，该项目声环境影响评价范围应为（　　）。（2012 年考题）

A．厂界外 200 m 范围内

B．距企业声源外 200 m 范围内

C．扩大至满足 2 类声环境功能区夜间标准值距离处

D．扩大至满足 3 类声环境功能区夜间标准值距离处

16．位于建筑物屋顶的某冷却塔声功率级为 90 dB（A），根据《环境影响评价技术导则　声环境》，采用点声源模型预测该冷却塔噪声影响时，必须补充的声源资

料是（　　）。（2012年考题）

A. 冷却塔的运行时段和运行时间　　B. 冷却塔的形状

C. 冷却塔的A声级　　D. 冷却塔的直径

17. 根据《环境影响评价技术导则　声环境》，不属于声环境现状调查内容的是（　　）。（2012年考题）

A. 评价范围内的噪声源　　B. 评价范围内的企业规模

C. 评价范围内声环境功能区划　　D. 评价范围内声环境敏感目标分布

18. 根据《环境影响评价技术导则　声环境》，关于户外声传播衰减，说法正确的是（　　）。（2012年考题）

A. 噪声频率越低，大气吸收引起的衰减越大

B. 噪声频率越低，绿化林带引起的衰减越大

C. 噪声频率越高，声屏障引起的衰减越大

D. 噪声频率越高，几何发散衰减越大

19. 根据《环境影响评价技术导则　声环境》，属于机场飞机噪声影响预测内容的是（　　）。（2012年考题）

A. 敏感目标处每次飞行事件的有效感觉噪声级

B. 敏感目标处昼夜等效声级

C. 敏感目标处起飞事件的计权等效连续感觉噪声级

D. 敏感目标处计权等效连续感觉噪声级

20. 根据《环境影响评价技术导则　声环境》，评价建设项目对厂界和敏感目标处的环境噪声影响，采用的评价量分别是（　　）。（2012年考题）

A. 贡献值、贡献值　　B. 预测值、预测值

C. 贡献值、预测值　　D. 预测值、贡献值

21. 根据《环境影响评价技术导则　声环境》，关于噪声污染防治措施，说法错误的是（　　）。（2012年考题）

A. 应针对工业建设项目投产后噪声影响的最大预测值制定污染防治措施

B. 任何建设项目只需根据评价范围内敏感目标处噪声超标量制定污染防治措施

C. 铁路建设项目的噪声污染防治措施应满足铁路边界噪声排放标准要求

D. 对交通运输类建设项目应针对不同代表性时段的噪声影响预测值分期制定污染防治措施

22. 根据《环境影响评价技术导则　声环境》，环境影响评价类别按声源种类划分，可分为（　　）的评价。（2013年考题）

A. 稳态声源和非稳态声源　　B. 稳态声源和突发声源

C. 固定声源和流动声源　　D. 机械声源和气流声源

23. 某新建乡村道路拟穿越的区域无明显声源，现状声级较低，下列噪声现状监测点布设，符合《环境影响评价技术导则　声环境》要求的是（　　）。(2013 年考题)

A. 选择有代表性区域布设测点

B. 在全部敏感目标处布设测点

C. 在评价范围内距离拟建道路不同距离的空旷地处布设测点

D. 在评价范围内距离拟建道路不同高度的空旷地处布设测点

24. 根据《环境影响评价技术导则　声环境》，下列关于环境噪声监测执行标准的说法，正确的是（　　）。(2013 年考题)

A. 农贸市场边界噪声测量执行《工业企业厂界环境噪声排放标准》

B. 商品混凝土厂厂界噪声测量执行《建筑施工场界环境噪声排放标准》

C. 机场周围铁路边界噪声测量执行《铁路边界噪声限值及其测量方法》

D. 交通干线两侧区域声环境质量监测执行《城市区域环境噪声标准》

25. 根据《环境影响评价技术导则　声环境》，下列关于声环境现状评价内容的说法，错误的是（　　）。(2013 年考题)

A. 分析噪声超标范围内的人口数及分布情况

B. 以图表结合的方式给出评价范围内声环境功能区划分情况

C. 分析评价范围内现有主要声源种类、数量及相应的噪声级、噪声特性等

D. 分析评价范围内拟建主要声源种类、数量及相应的噪声级、噪声特性等

26. 根据《环境影响评价技术导则　声环境》，下列关于声环境影响预测范围与评价范围关系的说法，正确的是（　　）。(2013 年考题)

A. 预测范围应与评价范围相同　　B. 预测范围应大于评价范围

C. 预测范围小于评价范围　　D. 预测范围应与评价范围无关

27. 根据《环境影响评价技术导则　声环境》，下列关于户外声传播衰减的说法，正确的是（　　）。(2013 年考题)

A. 屏障引起的衰减与声波频率无关

B. 大气吸收引起的衰减与声波频率无关

C. 距声源较近处可忽略大气吸收引起的衰减

D. 无限长线声源几何发散衰减大于点声源几何发散衰减

28. 根据《环境影响评价技术导则　声环境》，在评价项目边界（厂界、场界）噪声时，评价量选择正确的是（　　）。(2013 年考题)

A. 扩建项目以扩建工程的噪声贡献值作为评价量

B. 新建项目以该项目的噪声贡献值与其他环境噪声的叠加值作为评价量

C. 扩建项目以扩建工程噪声贡献值和现有工程噪声贡献值的叠加值作为评价量

D. 扩建项目以扩建工程噪声贡献值、现有工程噪声贡献值和其他环境噪声的叠加值作为评价量

29. 根据《环境影响评价技术导则　声环境》，若按声源种类划分，声环境影响评价类别分为（　　）。(2014年考题)

A. 稳态声源和突发声源的声环境影响评价

B. 固定声源和流动声源的声环境影响评价

C. 现有声源和新增声源的声环境影响评价

D. 高噪声源和低噪声源的声环境影响评价

30. 某电厂高压蒸汽管路排放高频噪声，该噪声的下列测量值中（测点位置和测量时间均相同），大小关系一定成立的是（　　）。(2014年考题)

A. 倍频带声压级≥倍频带A声级　　B. 最大声压级≥最大A声级

C. 总声压级≥各倍频带声压级　　D. 声压级≥A声级

31. 某公路扩建项目通过1类和3类声环境功能区，扩建前后受噪声影响人口数量变化不大，扩建前评价范围内敏感目标处噪声超标 5 dB（A）以上，扩建后噪声级增量在3 dB（A）以下。根据《环境影响评价技术导则　声环境》，该项目声环境影响评价工作等级为（　　）。(2014年考题)

A. 一级　　B. 二级

C. 三级　　D. 现状评价一级，影响评价二级

32. 某新建高速公路位于2类声环境功能区，经计算距高速公路中心线 280 m处夜间噪声贡献值为50 dB(A)、距高速公路中心线390 m处夜间噪声预测值为50 dB(A)。根据《环境影响评价技术导则　声环境》，该项目声环境影响评价范围应为距高速公路中心线（　　）m范围内。(2014年考题)

A. 100　　B. 200　　C. 280　　D. 390

33. 根据《环境影响评价技术导则　声环境》，下列关于环境噪声现状监测标准的说法，正确的是（　　）。(2014年考题)

A. 大型商场室内噪声监测执行《声环境质量标准》

B. 铁路施工场界噪声监测执行《铁路边界噪声限值及测量方法》

C. 机场周围飞机噪声监测执行《工业企业厂界环境噪声排放标准》

D. 农贸市场边界噪声监测执行《社会生活环境噪声排放标准》

34. 根据《环境影响评价技术导则　声环境》，下列户外声传播衰减中，与声波频率无关的是（　　）。(2014年考题)

A. 几何发散衰减　　B. 大气吸收衰减

C．屏障引起的衰减　　D．绿化林带引起的衰减

35．某铁路项目声环境影响评价工作等级为一级。根据《环境影响评价技术导则　声环境》，下列关于该项目等声级线图绘制要求的说法，错误的是（　　）。（2014年考题）

A．须对城镇规划区路段绘制等声级线图

B．须按贡献值绘制等声级线图

C．须对全线路绘制等声级线图

D．敏感建筑物高于（含）3层时，应绘制垂直方向的等声级线图

36．某项目建设位于2类声环境功能区，项目建设前后厂界噪声级增量在5 dB（A）以上、敏感目标处噪声级增量为3 dB（A），且受噪声影响人口数量增加较多。根据《环境影响评价技术导则　声环境》，该项目声环境影响评价工作等级应为（　　）。（2015年考题）

A．一级　B．二级　C．三级　D．不定级，进行相关分析

37．某新建高速公路位于2类声环境功能区，依据该高速公路设计流量计算得到的距高速公路中心线300 m处夜间噪声贡献值为50 dB（A）、400 m处夜间噪声预测值为50 dB（A）。根据《环境影响评价技术导则　声环境》，该项目声环境影响评价范围应为高速公路中心线两侧（　　）m范围内。（2015年考题）

A．100　B．200　C．300　D．400

38．根据《环境影响评价技术导则　声环境》，下列内容中，属于声环境现状调查内容的是（　　）。（2015年考题）

A．评价范围内地形地貌特征　　B．评价范围内经济发展程度

C．评价范围内人口流动情况　　D．评价范围内产业结构特征

39．根据《环境影响评价技术导则　声环境》，关于环境噪声现状监测执行标准的说法，正确的是（　　）。（2015年考题）

A．机场厂界噪声监测执行《机场周围飞机噪声环境标准》

B．铁路施工厂界噪声测量标准执行《铁路边界噪声限值及测量方法》

C．城市轨道交通车站站台噪声测量执行《社会生活环境噪声排放标准》

D．商品混凝土生产企业厂界噪声测量执行《工业企业厂界环境噪声排放标准》

40．已知某声源最大几何尺寸为D，A声功率级为L_{AW}，根据《环境影响评价技术导则　声环境》，若按公式$L_A(r)=L_{AW}-20\lg(r)-11$计算距声源中心$r$处的A声级$L_A(r)$，必须满足的条件是（　　）。（2015年考题）

A．声源处于自由声场、$r>D$　　B．声源处于自由声场、$r>2D$

C．声源处于半自由声场、$r>D$　　D．声源处于半自由声场、$r>2D$

41．某面声源宽a，长b，预测点位于面声源心轴线上，与面源中心的距离为r，

根据《环境影响评价技术导则　声环境》，关于该面声源噪声衰减的说法，正确的是（　　）。（2015 年考题）

A．距离 r 加倍，衰减 3 dB　　B．距离 r 加倍，衰减 6 dB

C．$r<a/\pi$，几乎不衰减　　D．$a/\pi<r<b/\pi$，几乎不衰减

42．某企业车间外墙安装甲、乙两台风机，其中甲风机昼间运行 8 h，运行时对厂界外居民点的噪声贡献值为 56 dB（A）；乙风机昼间运行 16 h，运行时对厂界外居民点的噪声贡献值为 53 dB（A）。关于该居民点处甲、乙风机噪声昼间等效声级（L_d）大小关系的说法、正确的是（　　）。（2015 年考题）

A．甲风机 L_d 大于乙风机 L_d　　B．甲风机 L_d 等于乙风机 L_d

C．甲风机 L_d 小于乙风机 L_d　　D．甲、乙风机 L_d 大小关系无法确定

43．某双向四车道高速公路拟两侧各拓宽一个车道，扩建前双向四车道在有正常车流和无车流通过的情况下敏感目标处噪声分别为 65 dB（A）和 58 dB（A），扩建后六车道达到设计车流量时对敏感目标的噪声贡献值为 68 dB（A）。则扩建后敏感目标处的噪声预测值为（　　）dB（A）。（2015 年考题）

A．68　　B．68～69　　C．69～70　　D．70～72

44．根据《环境影响评价技术导则　声环境》，按评价对象划分，声环境影响评价类别可分为（　　）。（2016 年考题）

A．固定声源和流动声源的声环境影响评价

B．稳态声源和突发声源的声环境影响评价

C．建设项目声源对户外环境和室内环境影响评价

D．建设项目声源对外环境和外环境声源对需要安静建设项目的声环境影响评价

45．根据《环境影响评价技术导则　声环境》，下列评价量中，不属于声环境质量评价量的是（　　）。（2016 年考题）

A．昼间等效声级　　B．夜间等效声级

C．昼夜等效声级　　D．计权等效连续感觉噪声级

46．某公路扩建项目通过 1 类和 3 类声环境功能区，扩建前后受噪声影响人口数量变化不大，扩建后评价范围内敏感目标出噪声超标量在 5 dB（A）以上，噪声级增量为 3～5 dB（A）。根据《环境影响评价技术导则　声环境》，该项目声环境影响评价工作等级为（　　）。（2016 年考题）

A．一级　　B．二级　　C．三级　　D．三级从简

47．某新建高速公路位于 2 类声环境功能区，经计算距离高速公路中心线 300 m 处夜间噪声贡献值为 50 dB（A）、400 m 处夜间噪声预测值为 50 dB（A）。根据《环境影响评价技术导则　声环境》，该项目声环境影响评价范围应为高速公路中心线两侧（　　）m 范围内。（2016 年考题）

A. 100　　B. 200　　C. 300　　D. 400

48. 某建设项目声环境影响评价工作等级为二级。根据《环境影响评价技术导则　声环境》，关于该项目声环境影响评价工作基本要求的说法，错误的是（　　）（2016 年考题）。

A. 噪声预测应覆盖评价范围内全部敏感目标，给出各敏感目标的预测值

B. 在缺少声源源强资料时，通过类比测量获得源强数据，并给出类比测量的条件

C. 评价范围内代表性敏感目标的声环境质量现状需实测，不能利用已有监测资料

D. 应给出防治措施的最终降噪效果和达标分析

49. 根据《环境影响评价技术导则　声环境》，关于声环境现状监测布点原则的说法，错误的是（　　）。（2016 年考题）

A. 布点应覆盖整个评价范围

B. 布点取代表性敏感目标的各楼层布设测点

C. 评价范围内没有明显声源且声级较低时，可选择有代表性的区域布设测点

D. 评价范围内有明显声源并对敏感目标的声环境质量有影响时，应根据声源种类采取不同的布点原则

50. 根据《环境影响评价技术导则　声环境》，关于声环境噪声现状监测执行标准的说法，正确的是（　　）。（2016 年考题）

A. 机场场界噪声测量执行《机场周围飞机噪声环境标准》

B. 农贸市场场界噪声测量执行《工业企业厂界环境噪声排放标准》

C. 城市轨道交通车站站台噪声测量执行《铁路边界噪声限值及测量方法》

D. 铁路项目施工场地边界噪声测量执行《建筑施工场界环境噪声排放标准》

51. 根据《环境影响评价技术导则　声环境》，下列内容中，不属于声环境现状评价内容的是（　　）。（2016 年考题）

A. 评价范围内规划敏感目标分布情况

B. 评价范围内声环境功能区划情况

C. 评价范围内现主要声源种类的数量

D. 评价范围内现状噪声超标区内的人口数及分布情况

52. 根据《环境影响评价技术导则　声环境》，户外声传播过程中，与声屏障引起的衰减值无关的因素是（　　）。（2016 年考题）

A. 声源源强大小　　B. 声屏障的长度

C. 声源几何尺寸　　D. 入射声波波长

53. 已知某声源最大几何尺寸为 D，A 声功率级为 L_{AW}。根据《环境影响评价

技术导则 声环境》，若按公式 $L_A(r)=L_{AW}-20\lg(r)-8$ 计算距声源中心 r 处的 A 声级 $L_A(r)$，必须满足的条件是（ ）。（2016 年考题）

A. 处于自由声场的无指向性声源，$r>2D$

B. 处于自由声场的无指向性声源，$r>D$

C. 处于半自由声场的无指向性声源，$r>2D$

D. 处于半自由声场的无指向性声源，$r>D$

54. 某地铁风亭夜间运行 2 h，运行时对附近一居民住宅的噪声贡献值为 56 dB（A），则该居民住宅处受风亭噪声影响的夜间（8 h）等效声级为（ ）dB（A）。（2016 年考题）

A. 56　B. 53　C. 50　D. 47

55. 根据《环境影响评价技术导则 声环境》，下列要求中，不符合噪声防治对策制定原则的是（ ）。（2016 年考题）

A. 工业项目应针对投产后噪声影响最大预测值制定噪声防治措施

B. 城市轨道交通项目应根据铁路边界噪声排放限值制定噪声防治措施

C. 公路项目应针对运营近、中、远期的噪声影响预测值分期制定噪声防治措施

D. 应从声源降噪、传播途径降噪和敏感目标自身防护等角度制定噪声防治措施

56. 某无指向性球形声源半径 r=2 m，距声源外表面 1 m 处的 A 声级为 L_A，声源 A 声功率级 L_{AW}。根据《环境影响评价技术导则 声环境》，关于该声源源强表达量大小关系的说法，正确的是（ ）。（2017 年考题）

A. $L_A>L_{AW}$　B. $L_A<L_{AW}$

C. $L_A=L_{AW}$　D. L_A 与 L_{AW} 大小关系无法确定

57. 某建设项目位于 1 类声环境功能区，项目建设前后敏感目标噪声级增高量在 3 dB（A）以下，受噪声影响人口显著增多。根据《环境影响评价技术导则 声环境》，该项目声环境影响评价工作等级应为（ ）（2017 年）

A. 一级　B. 二级

C. 三级　D. 判据不充分，无法判定

58. 某新建高速公路位于 2 类声环境功能区，经计算距高速公路中心线 150 m 和 360 m 处夜间噪声贡献值分别为 55 dB（A）和 50 dB（A）。根据《环境影响评价技术导则 声环境》，该项目声环境影响评价范围应为高速公路中心线两侧（ ）m 范围内。（2017 年考题）

A. 150　B. 200　C. 360　D. 400

59. 根据《环境影响评价技术导则 声环境》，关于公路建设项目声环境现状监测布点的说法，正确的是（ ）。（2017 年考题）

A. 应在代表性敏感目标处布设监测点

B．应在垂直拟建公路不同距离处布设监测点

C．应在拟建公路两侧采用网格法布设监测点

D．敏感目标高于（含）三层建筑时，应在各楼层布设监测点

60．根据《环境影响评价技术导则　声环境》，关于环境噪声现状监测执行标准的说法，正确的是（　　）。（2017 年考题）

A．机场周围飞机噪声测量执行《机场周围飞机噪声环境标准》

B．铁路施工场界噪声测量执行《铁路边界噪声限值及其测量方法》

C．城市轨道交通车站站台噪声测量执行《社会生活环境噪声排放标准》

D．商品混凝土搅拌站边界噪声测量执行《建筑施工场界环境噪声排放标准》

61．已知某声源最大几何尺寸为 D，距声源中心 r_0 处的声级为 $L_p(r_0)$。根据《环境影响评价技术导则　声环境》，若按公式 $L_p(r)=L_p(r_0)-20\lg(r/r_0)$ 计算距该声源中心 r 处的声级 $L_p(r)$，r_0、r 需满足的条件是（　　）。（2017 年考题）

A．$r_0>2D$，$r>2D$　　　　B．$r_0>2D$，r 无要求

C．r_0 无要求，$r>2D$　　　　D．$r_0>D$，$r>2D$

62．根据《环境影响评价技术导则　声环境》，关于户外声传播衰减的说法，错误的是（　　）。（2017 年考题）

A．屏障引起的衰减与声波频率有关

B．大气吸收引起的衰减与声传播距离有关

C．计算屏障衰减后，还需考虑地面效应衰减

D．户外声传播衰减计算需要考虑反射体引起的修正

63．已知某线声源长度为 L_0，在线声源垂直平分线上距线声源 r_0 和 r 处的声级分别为 $L_p(r_0)$ 和 $L_p(r)$，根据《环境影响评价技术导则　声环境》，当 $r<L_0/3$ 且 $r_0<L_0/3$，可用于简化计算 $L_p(r)$ 的公式是（　　）。（2017 年考题）

A．$L_p(r)=L_p(r_0)-10\lg(r/r_0)$　　　　B．$L_p(r)=L_p(r_0)-20\lg(r/r_0)$

C．$L_p(r)=L_p(r_0)-10\lg(r_0/r)$　　　　D．$L_p(r)=L_p(r_0)-20\lg(r_0/r)$

64．某声源昼间运行 2 h，运行时辐射至厂界的噪声级为 56 dB（A）。根据《环境影响评价技术导则　声环境》，该声源辐射至厂界的噪声昼间（16 h）等效声级为（　　）dB（A）。（2017 年考题）

A．56　　　　B．53　　　　C．50　　　　D．47

65．根据《环境影响评价技术导则　声环境》，关于公路建设项目噪声影响预测内容的说法，正确的是（　　）。（2017 年考题）

A．应预测给出预测点处噪声贡献值与现状噪声值的差值

B．应预测高层噪声敏感建筑各楼层所受噪声影响

C．应预测给出满足声环境功能区标准要求的距离

D. 应按预测值绘制代表性路段的等声级线图

66. 某工业企业所在区域噪声背景值为 55 dB（A），技改前全厂噪声源对厂界噪声贡献值为 62 dB（A），技改后全厂噪声源对厂界噪声贡献值为 61 dB（A），根据《环境影响评价技术导则 声环境》和《工业企业厂界环境噪声排放标准》，技改后该工业企业厂界环境噪声值为（　　）dB（A）。（2017 年考题）

A. 61　　B. 62

C. 63　　D. 约 65

67. 根据《环境影响评价技术导则 声环境》，下列内容中，不属于声环境影响范围和程度分析内容的是（　　）。（2017 年考题）

A. 评价范围内不同声级范围所覆盖的面积

B. 评价范围内不同声级范围内声源分布状况

C. 评价范围内不同声级范围内受影响的人口数

D. 评价范围内不同声级范围内主要建筑物类型、名称和数量

68. 根据《环境影响评价技术导则 声环境》，需按昼间、夜间两个时段进行噪声影响预测的项目不包括（　　）。（2018 年考题）

A. 铁路项目　　B. 机场项目

C. 内河航运项目　　D. 城市轨道交通项目

69.《环境影响评价技术导则 声环境》，关于划分声环境影响评价类别的说法，正确的是（　　）。（2018 年考题）

A. 按评价对象划分，可分为固定声源和流动声源的环境影响评价

B. 按声源种类划分，可分为稳态声源和非稳态声源的环境影响评价

C. 按声源种类划分，可分为机械噪声源、气流噪声源和电磁噪声源的环境影响评价

D. 按评价对象划分，可分为建设项目声源对外环境的环境影响评价和外环境声源对需要安静建设项目的环境影响评价

70. 根据《环境影响评价技术导则 声环境》，关于飞机噪声评价量的说法，正确的是（　　）。（2018 年考题）

A. 有效感觉噪声级为声源源强表达量

B. 计权等效连续感觉噪声级为声源源强表达量

C. 有效感觉噪声级和计权等效连续感觉噪声级均为声源源强表达量

D. 有效感觉噪声级和计权等效连续感觉噪声级为声环境质量评价量

71. 某建设项目位于 3 类声环境功能区，项目建设前后厂界噪声级增量为 5 dB（A），评价范围内敏感目标处噪声级增量为 2 dB（A），且受影响人口数量变化不大，根据《环境影响评价技术导则 声环境》，判定该项目声环境影响评价等级为（　　）。

（2018 年考题）

A．一级　　B．三级　　C．二级　　D．三级从简

72．某新建高速公路位于 2 类声环境功能区，经计算，距离高速路中心线 260 m 处夜间噪声贡献值为 50 dB（A），距离高速路中心线 280 m 的敏感目标处夜间噪声预测值为 50 dB（A），根据《环境影响评价技术导则　声环境》，该项目声环境影响评价范围应为高速路中心线两侧（　　）m 范围内。（2018 年考题）

A．35±5　　B．200　　C．260　　D．280

73．根据《环境影响评价技术导则　声环境》，监测飞机地面试车噪声对机场外敏感目标的影响时，应执行的标准是（　　）。（2018 年考题）

A．《声环境质量标准》

B．《社会生活环境噪声排放标准》

C．《机场周围飞机噪声环境标准》

D．《工业企业厂界环境噪声排放标准》

74．已知某线声源长度为 L_0，在线声源垂直平分线上距线声源 r_0 和 r 处声压级分别为 $L_p(r_0)$ 和 $L_p(r)$，根据《环境影响评价技术导则　声环境》，按公式 $L_p(r)=L_p(r_0)-15\lg(r/r_0)$ 近似计算该线声源的噪声影响时，应满足的条件是（　　）。（2018 年考题）

A．$r>L_0$ 且 $r_0>L_0$　　B．$r<L_0/3$ 且 $r_0<L_0/3$

C．$L_0/3<r<L_0$，且 $L_0/3<r_0<L_0$　　D．无条件限制

75．根据《环境影响评价技术导则　声环境》，户外声传播过程中，与大气吸收引起的衰减无关的因素是（　　）。（2018 年考题）

A．大气温度、湿度　　B．声传播距离

C．声波频率　　D．声源源强

76．根据《环境影响评价技术导则　声环境》，关于预测点处 A 声级与各倍频带声压级关系的说法，正确的是（　　）。（2018 年考题）

A．A 声级大于各倍频带声压级

B．A 声级为各倍频带声压级代数和

C．A 声级小于各倍频带声压级中的最大值

D．A 声级不一定大于各倍频带声压级中的最大值

77．根据《环境影响评价技术导则　声环境》，推荐的公路交通噪声预测模式中，中型车的总质量（GVM）为（　　）。（2018 年考题）

A．1.5 t<GVM≤2.8 t　　B．2.8 t<GVM≤3.5 t

C．3.5 t<GVM≤12 t　　D．12 t<GVM≤25 t

78．某高速公路拟由双向四车道扩建为双向六车道，扩建前敏感目标处声环境

现状值为 57 dB（A），扩建后六车道车流对敏感目标的噪声贡献值为 63 dB（A），根据《环境影响评价技术导则　声环境》，扩建后该敏感目标处的噪声预测值为（　　）。（2018 年考题）

A．63 dB（A）　　B．64 dB（A）

C．65 dB（A）　　D．已知条件不足，无法确定

79．根据《环境影响评价技术导则　声环境》，关于制定噪声防治措施一般要求的说法，正确的是（　　）。（2018 年考题）

A．工业建设项目噪声防治措施应针对项目投产后噪声影响最大预测值制定

B．工业建受项目噪声防治措施应针对项目投产后噪声影响最大实测值制定

C．公路建设项目噪声防治措施应针对近、中期噪声影响预测值分期制定，远期根据实测值制定

D．公路建设项目噪声防治措施近期根据实测值制定，中远期根据噪声影响预测值分期制定

80．根据《环境影响评价技术导则　声环境》，声环境影响预测所需声源资料不包括（　　）。（2018 年考题）

A．声源空间位置　　B．声源噪声源强

C．声源噪声变幅　　D．声源种类和数量

81．根据《环境影响评价技术导则　声环境》，按评价对象，噪声源类别可分为（　　）。（2019 年考题）

A．建设项目声源对外环境的环境影响评价和外环境声源对需要安静建设项目的环境影响评价

B．稳态声源和非稳态声源的声环境影响评价

C．固定声源和流动声源的环境影响评价

D．现有声源和新增声源的声环境影响评价

82．根据《环境影响评价技术导则　声环境》及相关标准，下列说法正确的是（　　）。（2019 年考题）

A．声环境功能区的环境质量评价量有昼夜间等效声级

B．声环境功能区的环境质量评价量有 A 声功率级（L_{AW}）

C．声源源强表达量有中心频率为 63 Hz～8K Hz 8 个倍频带的声功率级（L_W）

D．机场周围区域受飞机低空飞越噪声环境影响的评价量为等效感觉噪声级（L_{EPN}）

83．某建设项目位于 2 类声环境功能区，项目建设前后敏感目标处噪声级增量为 3 dB（A），且受噪声影响的人口数量增加较多，根据《环境影响评价技术导则　声环境》，该项目声环境影响评价工作等级应为（　　）。（2019 年考题）

A．一级　　B．二级

C．三级　　D．不定级，进行相关分析

84．对于一长方形的有限大面声源（长度为 b，高度为 a，并且 $a<b$），预测点在该声源中心轴线上距声源中心距离为 r，根据《环境影响评价技术导则　声环境》，关于面声源衰减的说法错误的是（　　）。（2019 年考题）

A．如 $r<a/\pi$ 时，该声源可近似为面声源，几乎不衰减，衰减量 $A_{div}\approx 0$

B．当 $a/\pi<r<b/\pi$ 时，该声源可近似为线声源，类似线声源衰减特性，衰减量 $A_{div}\approx 10\lg(r/r_0)$

C．当 $r>b/\pi$ 时，该声源可近似为点声源，类似点声源衰减特性，衰减量 $A_{div}\approx 20\lg(r/r_0)$

D．当 $r>b/\pi$ 时，该声源可近似为点声源，类似点声源衰减特性，衰减量 $A_{div}\approx 15\lg(r/r_0)$

85．已知某声源最大几何尺寸为 D，A 声功率级为 L_{AW}，根据《环境影响评价技术导则　声环境》，若按公式 $L_A(r)=L_{AW}-20\lg(r)-8$ 计算距声源中心 r 处的 A 声级 $L_A(r)$，必须满足的条件是（　　）。（2019 年考题）

A．处于半自由声场的无指向性声源，$r>D$

B．处于自由声场的无指向性声源，$r>D$

C．处于半自由声场的无指向性声源，$r>2D$

D．处于自由声场的无指向性声源，$r>2D$

86．根据《环境影响评价技术导则　声环境》，关于不同类型声源的说法，正确的是（　　）。（2020 年考题）

A．点声源辐射声波的声压幅值与声波传播距离成正比

B．点声源辐射声波的声压幅值与声波传播距离成反比

C．线声源辐射声波的声压幅值与声波传播距离成反比

D．线声源辐射声波的声压幅值与声波传播距离成反比

87．某项目分别涉及 2 类和 4 类声环境功能区，项目建成后评价范围内敏感目标噪声级增量超过 5 dB（A）。根据《环境影响评价技术导则　声环境》，关于该项目声环境影响评价工作等级的说法，正确的是（　　）。（2020 年考题）

A．应为一级　　B．应为二级　　C．应为三级　　D．无法判定

88．某新建公路项目预测噪声贡献值距公路中心线 260 m 处方可达到所在声环境功能区标准限值，叠加北京噪声后预测值需距公路边界线 300 m 处方可满足所在声环境功能区标准限值。该项目声环境影响评价范围为（　　）。（2020 年考题）

A．公路中心线两侧 200 m 以内　　B．公路中心线两侧 260 m 以内

C．公路中心线两侧 300 m 以内　　D．公路边界线两侧 200 m 以内

89．根据《环境影响评价技术导则　声环境》，改、扩建工业项目声环境现状调查内容不包括（　　）。（2020 年考题）

A．现有项目厂界噪声超标原因

B．评价范围内各声环境功能区的声环境质量现状

C．现有项目厂界噪声

D．现有项目停运时厂界背景噪声

90．某设备最大几何尺寸为 10 m，距设备几何中心 r_0 处的噪声级为 L_p（r_0）。根据《环境影响评价技术导则　声环境》，采用公式 $L_p(r)=L_p(r_0)-20\lg(r/r_0)$ 计算距设备 r 处噪声级 L_p（r）时，需满足的条件是（　　）。（2020 年考题）

A．$r>10\ m$　　B．$r_0>10\ m$、$r>10\ m$

C．$r>20\ m$　　D．$r_0>20\ m$、$r>20\ m$

91．某新建项目对厂界和界外敏感目标预测点的噪声贡献值分别为 55 dB（A）和 49 dB（A），两预测点处背景噪声均为 49 dB（A）。根据《环境影响评价技术导则　声环境》，该项目厂界噪声排放值和界外敏感目标处噪声预测值分别为（　　）。（2020 年考题）

A．56 dB（A）、52 dB（A）　　B．55 dB（A）、52 dB（A）

C．56 dB（A）、49 dB（A）　　D．55 dB（A）、49 dB（A）

92．根据《环境影响评价技术导则　声环境》，关于噪声防治措施的说法，错误的是（　　）。（2020 年考题）

A．公路项目可采取敏感目标搬迁的噪声防治措施

B．铁路项目可采取调整列车运行方式的噪声防治措施

C．机场项目可采取调整声环境功能区的噪声防治措施

D．工业项目可采取调整总图布置的噪声防治措施

二、不定项选择题（每题的备选项中至少有一个符合题意）

1．根据《环境影响评价技术导则　声环境》，关于声环境现状监测布点，说法正确的有（　　）。（2010 年考题）

A．厂界（或场界、边界）布设监测点

B．覆盖整个评价范围

C．代表性敏感点布设监测点

D．必要时距离现有声源不同距离处布设监测点

2．根据《环境影响评价技术导则　声环境》，三级声环境影响评价的基本要求有（　　）。（2010 年考题）

A．必须绘制噪声等声级图

B．必须预测防治措施的降噪效果

C．必须实测主要敏感目标处的现状声级

D．必须给出各敏感目标处的噪声预测值及厂界（或场界、边界）噪声值

3．关于工业企业厂界噪声预测内容，符合《环境影响评价技术导则　声环境》要求的有（　　）。（2010 年考题）

A．厂界噪声各倍频带声压级

B．厂界噪声的最大值及位置

C．叠加背景值后的厂界噪声值

D．建设项目声源对厂界噪声的贡献值

4．根据《环境影响评价技术导则　声环境》，城市轨道交通项目声环境现状评价应包括的内容有（　　）。（2011 年考题）

A．评价范围内声环境功能区划及敏感目标超、达标情况

B．评价范围内既有主要噪声源分布及厂界超、达标情况

C．评价范围内城市轨道交通项目对不同声环境功能区的声环境影响

D．评价范围内不同声环境功能区超标范围内的人口数量及分布情况

5．某改、扩建铁路 200 m 范围内，分布有物流仓库、街心公园、机关单位、居民住宅等。根据《环境影响评价技术导则　声环境》，在声环境影响预测时，应预测的敏感目标有（　　）。（2011 年考题）

A．物流仓库　　B．街心公园　　C．机关单位　　D．居民住宅

6．根据《环境影响评价技术导则　声环境》，下列噪声预测范围或预测点中，符合声环境预测基本要求的有（　　）。（2011 年考题）

A．预测范围必须大于评价范围

B．建设项目厂界（或场界、边界）可不设预测点

C．应将各敏感目标作为预测点

D．只需选择有代表性的敏感目标作为预测点

7．根据《环境影响评价技术导则　声环境》，声环境影响预测中需要收集的影响声波传播的参量有（　　）。（2011 年考题）

A．声源和预测点间的地形高差　　B．声源发声持续时间

C．声源数量　　D．声源与预测点之间的地面覆盖情况

8．根据《环境影响评价技术导则　声环境》，声环境影响一级评价的基本要求有（　　）。（2012 年考题）

A．测量代表性敏感目标处声环境质量现状

B．测量全部敏感目标处声环境现状

C．噪声预测仅覆盖已测量的代表性敏感目标

D．噪声预测应覆盖全部敏感目标

9．根据《环境影响评价技术导则　声环境》，可作为声环境敏感目标的噪声预测点的有（　　）。（2012 年考题）

A．厂界处　　B．居民住宅　　C．科研单位　　D．鸟类自然保护区

10．根据《环境影响评价技术导则　声环境》，应针对工矿企业项目投产后（　　）制定噪声污染防治措施。（2012 年考题）

A．对厂界噪声影响最大贡献值

B．对厂界噪声影响平均贡献值

C．对厂界外声环境功能区噪声影响平均预测值

D．对厂界外声环境敏感目标噪声影响最大预测值

11．某企业位于铁路和公路包夹区域内，拟就地实施技改项目。根据《环境影响评价技术导则　声环境》，声环境现状应调查的内容有（　　）。（2013 年考题）

A．技改前企业厂界噪声达标情况

B．技改后敏感目标处噪声达标情况

C．技改前周边既有铁路、公路对企业厂区内声环境的影响情况

D．技改后周边规划铁路、公路对技改项目厂界的噪声影响情况

12．根据《环境影响评价技术导则　声环境》，声环境影响预测中需要调查的影响声波传播的参量有（　　）。（2013 年考题）

A．声源种类

B．声源发声持续时间

C．声源与预测点间障碍物位置及长、宽、高等数据

D．声源和预测点间树林、灌木等的分布情况

13．拟建的城市轨道交通车辆段项目位于 2 类声环境功能区内。根据《环境影响评价技术导则　声环境》，声环境影响评价的主要内容有（　　）。（2013 年考题）

A．车辆段边界噪声达标分析

B．车辆段边界噪声对周边环境的影响范围及程度分析

C．车辆段选址环境合理性分析

D．车辆段噪声源布局调整建议

14．已知线声源长度为 l_0，在垂直平分线上距线声源 r_0 和 r 处声压级分别为 $L_p(r_0)$ 和 $L_p(r)$。根据《环境影响评价技术导则　声环境》，下列关于线声源简化条件和方法的说法，正确的有（　　）。（2014 年考题）

A．当 $r>l_0$ 且 $r_0<l_0$ 时，有限长线声源可当作点声源，且 $L_p(r)=L_p(r_0)-20\lg(r/r_0)$

B．当 $r>l_0$ 且 $r_0>l_0$ 时，有限长线声源可当作点声源，且 $L_p(r)=L_p(r_0)-$

$20\lg(r/r_0)$

C．当 $r>l_0/3$ 且 $r_0<l_0/3$ 时，有限长线声源可当作无线长线声源，且 $L_p(r)=L_p(r_0)-20\lg(r/r_0)$

D．当 $r<l_0/3$ 且 $r_0<l_0/3$ 时，有限长线声源可当作无线长线声源，且 $L_p(r)=L_p(r_0)-10\lg(r/r_0)$

15．根据《环境影响评价技术导则　声环境》，下列关于声环境影响预测点确定原则的说法，正确的有（　　）。（2014 年考题）

A．声环境评价工作等级为一级的建设项目，噪声预测覆盖评价范围内的全部敏感目标

B．声环境评价工作等级为二级的建设项目，噪声预测覆盖评价范围内的全部敏感目标

C．声环境评价工作等级为三级的建设项目，噪声预测覆盖评价范围内的全部敏感目标

D．声环境评价工作等级为三级的建筑项目，噪声预测只需覆盖评价范围内的代表性敏感目标

16. 某项目声环境影响评价工作等级为一级，根据《环境影响评价技术导则　声环境》，关于该项目声环境影响评价工作基本要求的说法，正确的有（　　）。（2015 年考题）

A．噪声预测覆盖全部敏感目标

B．在缺少声源源强资料时，通过类比测量取得源强数据

C．评价范围内具有代表性的敏感目标的声环境质量现状需要实测

D．给出建设项目建成前后不同类别声环境功能区内受影响的人口分布、噪声超标的范围和程度

17．根据《环境影响评价技术导则　声环境》，下列户外声传播衰减中，与声波频率有关的有（　　）。（2015 年考题）

A．几何发散衰减

B．屏障引起的衰减

C．绿化林带引起的衰减

D．大气吸收引起的衰减

18．根据《环境影响评价技术导则　声环境》，下列要求中，符合噪声污染防治措施制定原则的有（　　）。（2015 年考题）

A．铁路项目的噪声防治措施应同时满足边界噪声排放要求

B．应针对项目投产后噪声影响最大预测值制定工业项目的噪声防治措施

C．应针对公路项目不同代表性时段的噪声贡献值分别制定噪声防治措施

D．应从声源降噪、传播途径降噪、敏感目标自身防护等角度制定噪声防治措施

19．根据《环境影响评价技术导则　声环境》，关于评价工作等级为一级的道路

项目等声级线图绘制要求的说法，正确的有（　　）。（2016年考题）

A．应按贡献值绘制等声级线图

B．应按预测值绘制等声级线图

C．经过城镇建成区路段的评价应绘制等声级线图

D．经过城镇规划区路段的评价应绘制等声级线图

20．某声源宽 a，长 b，预测点位于声源中心轴线上，与面声源中心的距离为 r，根据《环境影响评价技术导则　声环境》，关于该面源噪声衰减的说法，正确的有（　　）。（2016年考题）

A．$r<a/\pi$时，距离加倍几乎不衰减

B．$a/\pi<r<b/\pi$时，距离加倍衰减3 dB左右

C．$r>b/\pi$时，距离加倍几乎不衰减

D．距离（r）加倍衰减3 dB左右

21．根据《环境影响评价技术导则　声环境》，下列措施中，属于公路项目噪声污染防治措施的有（　　）。（2016年考题）

A．设置声屏障　　B．调整公路等级

C．改善路面材料　　D．邻路建筑物使用功能变更

22．根据《环境影响评价技术导则　声环境》，关于评价工作等级为一级的建设项目等声级线图绘制要求的说法，正确的有（　　）。（2017年考题）

A．固定声源评价应绘制等声级线图

B．机场周围飞机噪声评价应绘制等声级线图

C．流动声源经过城镇规划区路段的评价需绘制等声级线图

D．对高于（含）三层建筑的敏感目标的评价，需绘制垂直方向的等声级线图

23．根据《环境影响评价技术导则　声环境》，下列资料中，属于建设项目声环境影响预测所需的基础资料有（　　）。（2017年考题）

A．声源和预测点间的地形

B．声源和预测点间的高差

C．室外声源周边建筑物门窗设置情况

D．室内声源所在建筑物门窗设置情况

24．某城市轨道交通建设项目全线采用地下线，根据《环境影响评价技术导则　声环境》，下列措施中，属于该项目声源降噪措施的有（　　）。（2017年考题）

A．轨道减振　　B．风亭风口消声

C．隧道内壁吸声　　D．列车车厢隔声

25．根据《环境影响评价技术导则　声环境》，声环境现状调查的主要内容有（　　）。（2019年考题）

A．评价范围内声源和敏感目标之间的地貌特征、地形高差及影响声波传播的环境要素

B．建设项目所在区域的主要气象特征

C．评价范围内不同区域的声环境功能区划情况，调查各声环境功能区的声环境质量现状

D．评价范围内的敏感目标的名称、规模、人口的分布情况

26．根据《环境影响评价技术导则　声环境》，下列选项中属于公路建设项目交通噪声防治措施的有（　　）。（2019 年考题）

A．限速　　B．禁鸣　　C．设置声屏障　　D．敏感目标搬迁

27．根据《环境影响评价技术导则　声环境》，风机噪声源强表达正确的有（　　）。（2020 年考题）

A．风机噪声的倍频带声功率级为 90 dB（A）

B．风机噪声的 A 声功率级为 90 dB（A）

C．距风机中心 5 m 处的 A 声级为 90 dB（A）

D．风机噪声的有效感觉噪声级 90 dB（A）

28．根据《环境影响评价技术导则　声环境》，符合改、扩建高速公路项目声环境监测布点原则的有（　　）。（2020 年考题）

A．在全部敏感目标处布设噪声测点

B．必须选取若干线声源的垂线，在垂线上距声源不同距离处布设监测点

C．在代表性敏感目标代表性楼层设置监测点

D．敏感目标的现状声级必须通过实测

参考答案

一、单项选择题

1．C　【解析】A 声级只是一种测量仪器得出的表达式，无法比较。

2．A　【解析】高层建筑物，几何发散衰减亦即距离衰减是最主要的，其他是附带考虑的因素。

3．D　【解析】选项 C 的正确说法是：运行期声源为流动声源时，将工程预测的代表性时段（近期、中期、远期）作为环境影响评价时段。

4．C　【解析】选项 A 中，应为“道路中心线”。选项 B 的正确说法是：如依据建设项目声源计算得到的贡献值到 200 m 处，仍不能满足相应功能区标准值时，应将评价范围扩大到满足标准值的距离。选项 D 中，应为“70 dB”。

5. D 【解析】声环境现状调查内容包括影响声波传播的环境要素调查、评价范围内现有敏感目标调查、声环境功能区划、声环境质量现状调查和现状声源调查。

6. D 【解析】当声源为流动声源，且呈现线声源特点时，现状测点位置选取应兼顾敏感目标的分布状况、工程特点及线声源噪声影响随距离衰减的特点，布设在具有代表性的敏感目标处。

7. A 【解析】本题考查点声源的概念。

8. A 【解析】注意“预测值”和“贡献值”的区别。

9. B 【解析】本题主要考查背景值、贡献值、预测值的含义及其应用，此题较灵活。由题中给出的信息可知，技改前厂区噪声对该敏感目标的噪声贡献值应为 47 dB，技改后厂区噪声对该敏感目标的噪声贡献值为 53 dB，两者相差 6 dB，叠加后增加 1 dB。

10. B 【解析】如建设项目符合两个以上级别的划分原则，按较高级别的评价工作等级评价。

11. D

12. B 【解析】现状调查基本内容不包括拟建项目声源。

13. C 【解析】该居民楼紧邻道路，距离较近，因此可以忽略大气吸收引起的衰减。

14. D 【解析】注意是“日托幼儿园”，晚上没有学生。

15. C 【解析】如依据建设项目声源计算得到的贡献值到 200 m 处仍不能满足相应功能区标准值时，应将评价范围扩大到满足标准值的距离。

16. A 【解析】建设项目的声源资料主要包括：声源种类、数量、空间位置、噪声级、频率特性、发声持续时间和对敏感目标的作用时间段等。

17. B 18. C

19. D 【解析】机场飞机噪声影响预测时应给出评价范围内敏感目标的计权等效连续感觉噪声级。

20. C 【解析】这个考点在案例考试中经常出现。

21. B 【解析】防治原则：工业（工矿企业和事业单位）建设项目噪声防治措施应针对建设项目投产后噪声影响的最大预测值制定，以满足厂界（或场界、边界）和厂界外敏感目标（或声环境功能区）的达标要求。交通运输类建设项目（如公路、铁路、城市轨道交通、机场项目等）的噪声防治措施应针对建设项目不同代表性时段的噪声影响预测值分期制定，以满足声环境功能区及敏感目标功能要求。其中，铁路建设项目的噪声防治措施还应同时满足铁路边界噪声排放标准要求。

22. C 23. A

24. C 【解析】选项 A 执行《社会生活环境噪声排放标准》，选项 B 执行《工业企业厂界环境噪声排放标准》，选项 D 执行《声环境质量标准》，《城市区域环境噪声标准》已于 2008 年废止。

25．D　【解析】选项 A、B、C 为现状评价的内容。

26．A　【解析】根据《环境影响评价技术导则　声环境》（HJ 2.4—2009），声环境影响预测范围应与评价范围相同。

27．C

28．C　【解析】新建项目以新建工程的噪声贡献值作为评价量，扩建项目以扩建工程的噪声贡献值和现有工程噪声贡献值的叠加值作为评价量。

29．B　【解析】按声源种类划分，可分为固定声源和流动声源。

30．C　【解析】 2010 年出过此题。各倍频带声压级经能量叠加法求得的和为总声压级，故 C 项正确。A 声级只是一种测量仪器得出的表达式，无法比较。

31．B　【解析】如建设项目符合两个以上级别的划分原则，按较高级别的评价工作等级评价。

32．C　【解析】2 类声环境功能区为昼间 60 dB（A）、夜间 50 dB（A）。如依据建设项目声源计算得到的贡献值到 200 m 处，仍不能满足相应功能区标准值时，应将评价范围扩大到满足标准值的距离。注意这里是“贡献值”不是“预测值”。

33．D　【解析】铁路施工场界噪声监测执行《建筑施工场界环境噪声排放标准》；机场周围飞机噪声监测执行《机场周围飞机噪声环境标准》；农贸市场边界噪声执行《社会生活环境噪声排放标准》。

34．A　【解析】几何发散衰减与声波频率无关。

35．C　【解析】评价等级为一级的项目，对于固定声源评价、机场周围飞机噪声评价、流动声源经过城镇建成区和规划区路段的评价应绘制等声级线图，当敏感目标高于（含）3 层建筑时，还应绘制垂直方向的等声级线图。此外，对于铁路项目，还需按贡献值绘制代表性路段的等声级线图。

36．B　【解析】建设项目所处的声环境功能区为 GB 3096 规定的 1 类、2 类地区，或建设项目建设前后评价范围内敏感目标噪声级增高量达 3～5 dB（A）[含 5 dB（A）]，或受噪声影响人口数量增加较多时，评价等级为二级。

37．C　【解析】一般以道路中心线外两侧 200 m 以内为评价范围。依据建设项目声源计算得到的贡献值到 200 m 处，仍不能满足相应功能区标准值时，应将评价范围扩大到满足标准值的距离。从题中可知，2 类声环境功能区的夜间噪声限值为 50 dB（A），距高速公路中心线 300 m 处夜间噪声贡献值为 50 dB（A），则说明在 200 m 处的夜间噪声贡献值不能满足相应功能区标准值，因此，选 C。

38．A　【解析】只有选项 A 对声波的传递有影响。

39．D　【解析】机场厂界噪声监测执行《机场周围飞机噪声测量方法》，而非

《机场周围飞机噪声环境标准》。铁路施工厂界噪声测量标准执行《建筑施工场界环境噪声排放标准》。城市轨道交通车站站台噪声测量执行《城市轨道交通车站站台声学要求和测量方法》。

40．B 【解析】本题中的公式是点源公式，且声源处于自由声场。

41．C 【解析】选项 C 的意思是预测点距面源太近，几乎不衰减。

42．B 【解析】为了方便比较，两台风机都按 16 h 进行昼间等效声级（L_d）的计算。甲风机有 8 h 是运行的，有 8 h 是停止运行的，不运行时的噪声贡献值为 0。甲风机 $L_d=10\times\lg\left[(8\times10^{0.1\times56}+8\times10^{0.1\times0})/16\right]=53$ dB（A）。乙风机 L_d=53 dB（A）。

43．B 【解析】从题中可知，敏感目标处噪声背景值为 58 dB（A），扩建后对敏感目标的噪声贡献值为 68 dB（A），也就是说 58 dB（A）与 68 dB（A）的计算，从考试技巧来说，这几个值要记住：声压差相差 0 dB（A），增值 3 dB（A）；声压差相差 6 dB（A），增值 1 dB（A）；声压差相差 10 dB（A），增值 0.4 dB（A）。当然，也可以用公式进行计算。

44．D 45．C 46．B

47．C 【解析】如依据建设项目声源计算得到的贡献值到 200 m 处，仍不能满足相应功能区标准值时，应将评价范围扩大到满足标准值的距离。2 类声环境功能区的夜间噪声限值为 50 dB。

48．C 【解析】二级声环境质量现状以实测为主。

49．B 【解析】布点应覆盖整个评价范围，包括厂界（或场界、边界）和敏感目标。当敏感目标高于（含）三层建筑时，还应选取有代表性的不同楼层设置测点。

50．D 【解析】机场场界噪声测量执行《机场周围飞机噪声测量方法》（GB 9661 —1988）；农贸市场场界噪声测量执行《社会生活环境噪声排放标准》；城市轨道交通车站站台噪声测量执行《城市轨道交通车站站台声学要求和测量方法》（GB 14227—2006）。

51．A

52．A 【解析】声源源强大小与任何衰减都没有关系。选项 B、C 影响声波的绕越长度，从而影响声程差。

53．C 【解析】题中给出的公式适用于半自由声场点声源的预测，$r>2D$ 才能把声源简化为点声源。

54．C 【解析】$10\lg\left[\left(2\times10^{5.6}+6\times10^{0}\right)\div8\right]=50$

55．B 【解析】交通运输类建设项目（如公路、铁路、城市轨道交通、机场项目等）的噪声防治措施应针对建设项目不同代表性时段的噪声影响预测值分期制定，以满足声环境功能区及敏感目标功能要求。其中，铁路建设项目的噪声防治措施还应同时满足铁路边界噪声排放标准要求。

56. B　57. A

58. C　【解析】如依据建设项目声源计算得到的贡献值到 200 m 处仍不能满足相应功能区标准值时，应将评价范围扩大到满足标准值的距离。

59. A　【解析】当敏感目标高于（含）三层建筑时，还应选取有代表性的不同楼层设置测点，并不是各楼层布点。

60. A

61. C　【解析】该公式为无指向性点声源几何发散衰减的公式。在声环境影响评价中，声源中心到预测点之间的距离超过声源最大几何尺寸 2 倍时，可将该声源近似为点声源。

62. A　【解析】户外声源声波在空气中传播引起声级衰减的主要因素有：几何发散引起的衰减（包括反射体引起的修正）、屏障引起的衰减、地面效应引起的衰减、空气吸收引起的衰减、绿化林带以及气象条件引起的附加衰减等。

63. A

64. D　【解析】利用等效连续 A 声级的数学表示公式：$L_{eq}=10\lg\left(\frac{1}{T}\int_0^T 10^{0.1L_A(t)\mathrm{d}t}\right)$进行计算。

65. C　【解析】选项 A 的正确说法是：预测值与现状噪声值的差值；选项 B 的正确说法是：预测高层建筑有代表性的不同楼层所受的噪声影响；选项 D 的正确说法是：按贡献值绘制代表性路段的等声级线图。

66. B　【解析】55 dB（A）和 61 dB（A）的叠加值为 62 dB（A）。

67. B

68. B　【解析】(1) 根据《声环境质量标准》(GB 3096—2008)，声环境功能区的环境质量评价量为昼间等效声级（L_d）、夜间等效声级（L_n），突发噪声的评价量为最大 A 声级（L_{max}、L_{Amax}）。

(2) 根据《机场周围飞机噪声环境标准》(GB 9660—88)，机场周围区域受飞机通过（起飞、降落、低空飞越）噪声环境影响的评价量为计权等效连续感觉噪声级（L_{WECPN}）。

69. D　【解析】根据《环境影响评价技术导则　声环境》4.2.1：按评价对象划分，可分为建设项目声源对外环境的环境影响评价和外环境声源对需要安静建设项目的环境影响评价；按声源种类划分，可分为固定声源和流动声源的环境影响评价。

70. A　【解析】根据《机场周围飞机噪声环境标准》(GB 9660—88)，机场周围区域受飞机通过（起飞、降落、低空飞越）噪声环境影响的评价量为计权等效连续感觉噪声级（L_{WECPN}）。等（有）效感觉噪声级（L_{EPN}）为声源源强表达量。

71. B 【解析】见下表：

声环境影响评价工作等级划分表

评价等级	建设项目所在区域的声环境功能区类别	建设项目建设前后所在区域（评价范围内）的声环境质量变化程度（敏感目标噪声级增高量）	受建设项目影响的人口数量
一级评价	0 类区及对噪声有特别限制要求的保护区等敏感目标	＞5 dB（A）	显著增多
二级评价	1 类、2 类地区	≥3 dB（A），≤5 dB（A）	增加较多
三级评价	3 类、4 类地区	＜3 dB（A）	变化不大

注：划分等级时，三个依据分别考虑，按较高级别的评价等级评价。改、扩建项目，按改、扩建后敏感目标噪声级较项目改、扩建前的现状值增高量来确定评价等级。另外，二级评价含 3 dB（A）、5 dB（A），一级、三级不含。

72. C 【解析】城市道路、公路、铁路、城市轨道交通地上线路和水运线路等建设项目：① 满足一级评价的要求，一般以道路中心线（不是道路红线）外两侧 200 m 以内为评价范围；② 二级、三级评价范围可根据建设项目所在区域和相邻区域的声环境功能区类别及敏感目标等实际情况适当缩小。如依据建设项目声源计算得到的贡献值到 200 m 处，仍不能满足相应功能区标准值时，应将评价范围扩大到满足标准值的距离。距离高速路中心线 260 m 处夜间噪声贡献值为 50 dB（A），满足 2 类声环境功能区夜间噪声限值 50 dB（A）。

73. C 【解析】飞机地面试车是在机场，而非汽车生产企业内部，不属于工业企业噪声，不执行《工业企业厂界环境噪声排放标准》（GB 12348—2008）；因飞机噪声的评价量为计权等效连续感觉噪声级，也不执行《声环境质量标准》（GB 3096—2008）。判断机场周围受飞机通过所产生噪声影响的区域是否达标（监测飞机噪声对机场外敏感目标的影响）时执行《机场周围飞机噪声环境标准》（标准规定了适用于机场周围受飞机通过所产生噪声影响的区域的噪声标准值。采用一昼夜的计权等效连续感觉噪声级作为评价量用 L_{WECPN} 示，单位为 dB。各适用区域的标准值为：一类区域：特殊住宅区，居住、文教区≤70 dB；二类区域：除一类区域以外的生活区≤75 dB）。另外，《机场周围飞机噪声测量方法》（GB 9661—88）规定了机场周围飞机噪声的测量条件、测量仪器、测量方法和测量数据的计算方法，该标准适用于测量机场周围由于飞机起飞、降落或低空飞越时所产生的噪声。

74. C 【解析】有限长线声源的几何发散衰减：设线声源长度为 L_0，单位长度线声源辐射的倍频带声功率级为 L_w。在线声源垂直平分线上距声源 r 处的声压级为：① 当 $r>L_0$ 且 $r_0>L_0$ 时，可近似简化为：即在有限长线声源的远场，有限长线声源可当作点声源处理，$L_p(r)=L_p(r_0)-20\lg(r/r_0)$。② 当 $r<L_0/3$ 且 $r_0<L_0/3$ 时，可近似简化为：即在近场区，有限长线声源可当作无限长线声源处理，$L_p(r)=L_p(r_0)-10\lg(r/r_0)$。③ 当 $L_0/3<r<L_0$，且 $L_0/3<r_0<L_0$ 时，可作近似计算：$L_p(r)=L_p(r_0)-15\lg(r/r_0)$。

75. D　【解析】空气吸收引起的衰减按公式计算：$A_{atm}=\alpha(r-r_0)/1\,000$，式中：$\alpha$为温度、湿度和声波频率的函数，所以，大气吸收引起的衰减与温度、湿度、声波频率、声传播的距离有关。

76. D　【解析】倍频带声压级和 A 声级的换算关系为：设各个倍频带声压级为 L_{pi}，那么 A 声级为：$L_A=10\lg\left[\sum_{i=1}^{n}10^{0.1(L_{pi}-\Delta L_i)}\right]$，$\Delta L_i$ 为第 i 个倍频带的 A 计权网络修正值，dB；n 为总倍频带数。A 计权网络修正值见下表：

倍频带中心频率/Hz	63	125	250	500	1 000	2 000	4 000	8 000	16 000
ΔL_i/dB	−26.2	−16.1	−8.6	−3.2	0	1.2	1.0	−1.1	−6.6

在一个倍频带（程）带宽频率范围声压级的累加称为倍频带声压级。A 声级是通过 A 计权网络测得的声压级，也称为 A 计权声级。根据公式可知，各倍频带声压级经 A 计权网络修正后进行能量叠加后得到 A 声级。A 声级因为是 A 计权网络修正后的各倍频带声压级能量叠加后的，所以它会大于 A 计权下的各倍频带声压级。由于 A 计权网络修正值有正值、负值和 0，所以，通常为低频时 A 声级有小于未经 A 计权网络修正的各倍频带声压级（公式中的 L_{pi}），在 1 000～4 000 Hz，A 声级大于未经 A 计权网络修正的各倍频带声压级（公式中的 L_{pi}），频率继续增大，则小于未经 A 计权网络修正的各倍频带声压级（公式中的 L_{pi}）；有时二者也可能相等。所以，对于稳态噪声，A 声级与未经 A 计权网络修正的各倍频带声压级（公式中的 L_{pi}）没有特定的大小关系，A 声级不一定大于各倍频带声压级中的最大值。

77. C　【解析】车的总质量（GVM），GVM≤3.5 t，M1、M2、N1 为小型车；3.5 t<GVM≤12 t，M2、M3、N2 为中型车；GVM>12 t，N3 为大型车。

78. D　【解析】敏感目标噪声预测值应为扩建后车流贡献值叠加背景噪声值，而扩建前敏感目标处声环境现状值包含了背景值和扩建前车流贡献值的叠加，因此无法确定敏感目标处背景噪声值，从而无法计算扩建后该敏感目标处的噪声预测值。

79. A　【解析】根据《环境影响评价技术导则　声环境》10.1：制定噪声防治对策的一般要求：（1）工业（工矿企业和事业单位）建设项目噪声防治措施应针对建设项目投产后噪声影响的最大预测值（对厂界噪声影响最大贡献值、对厂界外声环境敏感目标噪声影响最大预测值）制定，以满足厂界（或场界、边界）和厂界外敏感目标（或声环境功能区）的达标要求。（2）交通运输类建设项目（如公路、铁路、城市轨道交通、机场项目等）的噪声防治措施应针对建设项目不同代表性时段的噪声影响预测值分期制定，以满足声环境功能区及敏感目标功能要求。其中，铁路建设项目的噪声防治措施还应同时满足铁路边界噪声排放标准要求。（3）噪声防治对策必须符合针对性、具体性、经济合理性和技术可行性的原则。

80．C 【解析】声环境影响预测需要的声源资料：声源种类、数量、空间位置、噪声级、频率特性、发声持续时间和对敏感目标的作用时间段等。

81．A 【解析】声环境影响评价类别划分原则：（1）按评价对象划分：可分为建设项目声源对外环境的环境影响评价和外环境声源对需要安静建设项目的环境影响评价。（2）按声源种类划分：可分为固定声源和流动声源的环境影响评价。

82．C 【解析】根据《声环境质量标准》（GB 3096），声环境功能区的环境质量评价量为昼间等效声级（L_d）、夜间等效声级（L_n），突发噪声的评价量为最大 A 声级（L_{max}、L_{Amax}）。根据《机场周围飞机噪声环境标准》（GB 9660），机场周围区域受飞机通过（起飞、降落、低空飞越）噪声环境影响的评价量为计权等效连续感觉噪声级（L_{WECPN}）。声源源强表达量：A 声功率级（L_{AW}）或中心频率为 63 Hz～8 kHz 8 个倍频带的声功率级（L_W）；距离声源 r 处的 A 声级[L_A（r）]或中心频率为 63 Hz～8 kHz 8 个倍频带的声压级[L_p（r）]；等（有）效感觉噪声级（L_{EPN}）。

83．B 【解析】建设项目位于 2 类声环境功能区，项目建设前后敏感目标处噪声级增量为 3 dB（A），且受噪声影响人口数量增加较多，属于二级评价。

84．D 【解析】对于一长方形的有限大面声源（长度为 b，高度为 a，并 $a<b$），预测点在该声源中心轴线上距声源中心距离为 r：如 $r<a/\pi$时，该声源可近似为面声源，几乎不衰减，衰减量 $A_{div}\approx0$；当 $a/\pi<r<b/\pi$，该声源可近似为线声源，类似线声源衰减特性，衰减量 $A_{div}\approx10\lg(r/r_0)$，距离加倍衰减 3 dB 左右；当 $r>b/\pi$时，该声源可近似为点声源，类似点声源衰减特性，衰减量 $A_{div}\approx20\lg(r/r_0)$，距离加倍衰减 6 dB 左右。

85．C 【解析】公式 $L_A(r)=L_{AW}-20\lg(r)-8$ 的条件必须是无指向性点声源，所以 $r>2D$；处于半自由空间，$L_A(r)=L_{AW}-20\lg(r)-8$；处于自由空间，$L_A(r)=L_{AW}-20\lg r-11$。简记为：自由见（减）诗意（11），半自由就剪（减）发（8），也可记为光棍（11）最自由，想结婚吧（8）就半自由。

86．B 【解析】根据《环境影响评价技术导则 声环境》，点声源是以球面波形式辐射声波的声源，辐射声波的声压幅值与声波传播距离（r）成反比；线声源是以柱面波形式辐射声波的声源，辐射声波的声压幅值与声波传播距离的平方根（$\sqrt{r}$）成反比；面声源是以平面波形式辐射声波的声源，辐射声波的声压幅值不随传播距离改变（不考虑空气吸收）。

87．A　【解析】根据《环境影响评价技术导则　声环境》5.2.2：评价范围内有适用于 GB 3096 规定的 0 类声环境功能区域，以及对噪声有特别限制要求的保护区等敏感目标，或建设项目建设前后评价范围内敏感目标噪声级增高量达 5 dB（A）以上[不含 5 dB（A）]，或受噪声影响人口数量显著增多时，评价等级为一级。

88．B　【解析】根据《环境影响评价技术导则　声环境》6.1.3：如依据建设项目声源计算得到的贡献值到 200 m 处，仍不能满足相应功能区标准值时，应将评价范围扩大到满足标准值的距离。

89．D　【解析】根据《环境影响评价技术导则　声环境》7.1.4：有厂界（或场界、边界）噪声的改、扩建项目，应说明现有建设项目厂界（或场界、边界）噪声的超标、达标情况或超标原因。

90．C　【解析】该公式为无指向性点声源几何发散衰减的公式。在声环境影响评价中，声源中心到预测点之间的距离超过声源最大几何尺寸 2 倍时，可将该声源近似为点声源。

91．B　【解析】本题主要考查敏感目标的预测值和厂界噪声值的区别。

92．C　【解析】机场噪声防治措施包括：a）通过不同机场位置、跑道方位、飞行程序方案的声环境影响预测结果，分析敏感目标受影响的程度，提出优化的机场位置、跑道方位、飞行程序方案建议；

b）根据工程与环境特征，给出机型优选，昼间、傍晚、夜间飞行架次比例的调整，对敏感建筑物进行噪声防护或使用功能变更、拆迁等具体的措施方案及其降噪效果，并进行经济、技术可行性论证；

c）在符合《城乡规划法》中明确的可对城乡规划进行修改的前提下，提出机场噪声影响范围内的规划调整建议；

d）给出飞机噪声监测计划等对策建议。

二、不定项选择题

1．ABCD

2．D　【解析】三级评价可以用现状监测资料。对于噪声防治措施，要进行达标分析，没有要求预测防治措施的降噪效果。

3．BD　【解析】注意预测值和贡献值的区别。

4．AD　【解析】环境噪声现状评价主要内容有：以图、表结合的方式给出评价范围内的声环境功能区及其划分情况，以及现有敏感目标的分布情况。分析评价范围内现有主要声源种类、数量及相应的噪声级、噪声特性等，明确主要声源分布。分别评价不同类别的声环境功能区内各敏感目标的超标、达标情况，说明其受到现有主要声源的影响状况。给出不同类别的声环境功能区噪声超标范围内的人口数量及分布情况。

5．CD　6．C

7．AD　【解析】该题问的是影响声波传播的参量。B 和 C 是预测时需要的声源资料。

8．AD　9．BCD

10．AD　【解析】工业（工矿企业和事业单位）建设项目噪声防治措施应针对建设项目投产后噪声影响的最大预测值制定，以满足厂界（或场界、边界）和厂界外敏感目标（或声环境功能区）的达标要求。

11．AC　【解析】现状声源调查：建设项目所在区域的声环境功能区的声环境质量现状超过相应标准要求或噪声值相对较高时，需对区域内主要声源的名称、数量、位置、影响的噪声级等相关情况进行调查。有厂界（或场界、边界）噪声的改、扩建项目，应说明现有建设项目厂界（或场界、边界）噪声的超标、达标情况及超标原因。

12．CD

13．ABCD　【解析】位于 2 类声环境功能区内，评价等级为二级。评价内容按二级评价要求。

14．BD

15．AB　【解析】声环境评价工作等级分为一、二级的建设项目，噪声预测要覆盖全部敏感目标，给出各敏感目标的预测值；声环境评价工作等级为三级的建设项目，应重点调查评价范围内主要敏感目标的声环境质量现状。

16．ABCD

17．BCD　【解析】户外声传播衰减中与声波频率有关的有：屏障引起的衰减、绿化林带引起的衰减、大气吸收引起的衰减。

18．ABD　【解析】交通运输类建设项目（如公路、铁路、城市轨道交通、机场项目等）的噪声防治措施应针对建设项目不同代表性时段的噪声影响预测值分期制订。注意是“预测值”，不是“贡献值”。

19．ACD　20．AB　21．ACD　22．ABCD　23．ABD　24．ABC

25．ABCD　【解析】声环境现状调查的主要内容：（1）影响声波传播的环境要素：调查建设项目所在区域的主要气象特征：年平均风速和主导风向，年平均气温，年平均相对湿度等。收集评价范围内：2 000～50 000 地理地形图，说明评价范围内声源和敏感目标之间的地貌特征、地形高差及影响声波传播的环境要素。（2）声环境功能区划：调查评价范围内不同区域的声环境功能区划情况，调查各声环境功能区的声环境质量现状。（3）敏感目标：调查评价范围内的敏感目标的名称、规模、人口的分布等情况，并以图、表相结合的方式说明敏感目标与建设项目的关系（如方位、距离、高差等）。（4）现状声源：建设项目所在区域的声环境功能区的声环境质量现状超过相应标准要求或噪声值相对较高时，需对区域内的主要声源的名称、数量、位置、影响的噪声级等相关情况进行调查。有厂界（或场界、边界）噪声的改、扩建项目，应说明现有建设项目厂界（或场界、边界）噪声的超标、达标情况及超标原因。

26. ABCD 【解析】公路、城市道路交通噪声防治措施：（1）通过不同选线方案的声环境影响预测结果，分析敏感目标受影响的程度，提出优化的选线方案建议；（2）根据工程与环境特征，给出局部线路调整、敏感目标搬迁、临路建筑物使用功能变更、改善道路结构和路面材料、设置声屏障和对敏感建筑物进行噪声防护等具体的措施方案及其降噪效果，并进行经济、技术可行性论证；（3）在符合《城乡规划法》中规定的可对城乡规划进行修改的前提下，提出城镇规划区段线路与敏感建筑物之间的规划调整建议；（4）给出车辆行驶规定及噪声监测计划等对策建议。限速、禁鸣属于车辆行驶规定，即交通噪声防治措施中的管理措施。

27. BC 【解析】本题主要考查声源源强不同的表达方式。

28. C 【解析】根据《环境影响评价技术导则 声环境》7.3.1.3：评价范围内有明显的声源，并对敏感目标的声环境质量有影响，或建设项目为改、扩建工程，应根据声源种类采取不同的监测布点原则。

当声源为流动声源，且呈现线声源特点时，现状测点位置选取应兼顾敏感目标的分布状况、工程特点及线声源噪声影响随距离衰减的特点，布设在具有代表性的敏感目标处。为满足预测需要，也可选取若干线声源的垂线，在垂线上距声源不同距离处布设监测点。其余敏感目标的现状声级可通过具有代表性的敏感目标实测噪声的验证并结合计算求得。

第二节 相关声环境标准

一、单项选择题（每题的备选项中，只有一个最符合题意）

1. 机场周围区域拟建一建筑材料厂，该厂运行期的声环境影响评价应执行的标准为（ ）。（2010 年考题）

A. 《建筑施工场界噪声限值》《声环境质量标准》

B. 《工业企业厂界环境噪声排放标准》《声环境质量标准》

C. 《建筑施工场界噪声限值》《机场周围飞机噪声环境标准》

D. 《工业企业厂界环境噪声排放标准》《机场周围飞机噪声环境标准》

2．根据《工业企业厂界环境噪声排放标准》，邻近货物装卸区一侧厂界处夜间噪声评价量应包括（　　）。（2010 年考题）

A．频发声级和偶发声级　　B．脉冲声级和最大声级

C．等效声级和最大声级　　D．稳态声级和非稳态声级

3．某娱乐场所边界背景噪声值为 52 dB，正常营业时噪声测量值为 54 dB。根据《社会生活环境噪声排放标准》，确定该娱乐场所在边界处排放的噪声级时测量结果的修正为（　　）。（2010 年考题）

A．无须修正

B．修正值−3 dB

C．修正值−4 dB

D．应采取措施降低背景噪声后重新测量，再按要求进行修正

4．下列环境噪声监测点布设符合《声环境质量标准》的是（　　）。（2010 年考题）

A．一般户外测点距任何反射面 1 m 处，距地面高度 1.0 m 以上

B．噪声敏感建筑物户内测点距墙壁或窗户 1 m 处，距地面高度 1.2 m 以上

C．噪声敏感建筑物户外测点距墙壁或窗户 1 m 处，距地面高度 1.2 m 以上

D．噪声敏感建筑物户内、户外测点均需距墙壁或窗户 1 m 处，距地面高度 1.2 m 以上

5．关于《声环境质量标准》适用范围，说法正确的是（　　）。（2011 年考题）

A．不适用于铁路干线两侧区域的声环境质量评价

B．适用于对内河航道两侧区域的声环境质量评价

C．适用于机场周围区域的声环境质量管理

D．不适用于未划分声环境功能区的乡村区域的声环境质量管理

6．根据《声环境质量标准》，居住、商业、工业混杂区属于（　　）类声环境功能区。（2011 年考题）

A．0　　B．1　　C．2　　D．3

7．根据《声环境质量标准》，2 类声环境功能区内夜间突发噪声最大声级不得超过（　　）dB（A）。（2011 年考题）

A．10　　B．15　　C．60　　D．65

8．下列环境噪声监测点布置符合《声环境质量标准》要求的是（　　）。（2011 年考题）

A．教学楼外 1 m，距地面高度 1.2 m 处

B．教学楼室内距窗 1 m，距地面高度 1.2 m 处

C．教学楼窗外 1.5 m，距离地面高度 1.0 m 处

D．教学楼室内距窗 1.5 m，距地面高度 1.6 m 处

9. 根据《城市区域环境振动标准》，文教区昼间和夜间每日发生几次的冲击振动，其铅垂向 Z 振级最大值分别不得超过（　　）dB。(2011 年考题)

A. 80、77　B. 80、70　C. 73、70　D. 70、67

10. 学校锅炉房噪声排放应执行的标准是（　　）。(2011 年考题)

A. 《声环境质量标准》

B. 《建筑施工场界噪声限值》

C. 《社会生活环境噪声排放标准》

D. 《工业企业厂界环境噪声排放标准》

11. 某企业厂界噪声测量值为 61 dB (A)，背景噪声值为 56 dB (A)。根据《工业企业厂界环境噪声排放标准》，测量结果修正值应为（　　）dB (A)。(2011 年考题)

A. −3　B. −2　C. −1　D. 0

12.《社会生活环境噪声排放标准》的适用范围是（　　）。(2011 年考题)

A. 各类社会生活噪声的管理、评价和控制

B. 居住区家庭娱乐噪声的管理、评价和控制

C. 营业性文化娱乐场所、商业经营活动中使用的向环境排放噪声的设备、设施的管理、评价和控制

D. 营业性文化娱乐场所、商业经营活动及其他公共活动场所中使用的向环境排放噪声的设备、设施的管理、评价和控制

13. 在室内固定设备结构传播噪声时，根据《社会生活环境噪声排放标准》，测点位置应布置在（　　）。(2011 年考题)

A. 距任一反射面至少 1 m 以上，距地面 1.2 m. 距外窗 1 m 处

B. 距任一反射面至少 0.5 m 以上，距地面 1.2 m，距外窗 1 m 处

C. 距任一反射面至少 1 m 以上，距地面 1.5 m，距外窗 0.5 m 处

D. 距任一反射面至少 0.5 m 以上，距地面 1.5 m，距外窗 1 m 处

14. 根据《声环境质量标准》，确定道路交通干线两侧 4a 类声环境功能区范围的依据中不包括（　　）。(2012 年考题)

A. 道路沿线人口分布密度

B. 交通干线相邻声环境功能区类别

C. 交通干线两侧建筑高度（楼层数）

D. 县级以上人民政府环境保护行政主管部门出具的意见

15. 根据《声环境质量标准》，关于环境噪声限值的规定，说法正确的是（　　）。(2012 年考题)

A. 穿越城区的既有铁路干线两侧区域不通过列车时的环境背景噪声按 4b 类限值执行

B．城市轨道交通（地面段）两侧区域环境噪声按4b类限值执行

C．昼间突发噪声最大声级超过声环境功能区环境噪声限值的幅度不得高于10 dB（A）

D．夜间突发噪声最大声级超过声环境功能区环境噪声限值的幅度不得高于15 dB（A）

16．根据《城市区域环境振动标准》，居民、文教区环境振动标准值是（　　）。（2012年考题）

A．昼间65 dB，夜间65 dB　　B．昼间70 dB，夜间67 dB

C．昼间75 dB，夜间72 dB　　D．昼间80 dB，夜间80 dB

17．下列噪声源环境噪声排放，不适用《工业企业厂界环境噪声排放标准》的是（　　）。（2012年考题）

A．学校变配电房　　B．城市垃圾转运站

C．医院制冷机房　　D．居民区超市

18．根据《工业企业厂界环境噪声排放标准》，关于噪声测量方法，说法正确的是（　　）。（2012年考题）

A．在敏感建筑物室内测量厂界噪声时，应在关窗条件下测量

B．在敏感建筑物室内测量固定设备结构传声时，应在关窗条件下测量

C．在厂界处测量稳态噪声时，至少测量10 min的等效声级

D．在厂界处测量非稳态噪声时，必须分别测量昼间（16 h）、夜间（8 h）的等效声级

19．某办公楼受商场设备的结构传播稳态噪声影响。根据《社会生活环境噪声排放标准》，评价该办公楼室内结构传播噪声影响时，噪声测量的量是（　　）。（2012年考题）

A．昼、夜间最大声级　　B．昼、夜间频发的最大声级

C．昼、夜间偶发的最大声级　　D．昼、夜间各1 min的等效声级

20．根据《社会生活环境噪声排放标准》，在对娱乐场所边界噪声进行测量时，测点位置选择正确的是（　　）。（2012年考题）

A．在娱乐场所边界处设测点

B．在距噪声敏感建筑物较近的娱乐场所边界处设测点

C．在受娱乐场所噪声影响大的边界外1 m处设测点

D．娱乐场所边界围墙内1 m处设测点

21．根据《声环境质量标准》，下列关于标准适用范围的说法，正确的是（　　）。（2013年考题）

A．该标准仅适用于城市区域声环境质量的评价和管理

B. 该标准适用于交通干线两侧区域声环境质量的评价和管理

C. 该标准适用于机场周围区域声环境质量的评价和管理

D. 该标准适用于建筑室内声环境质量的评价和管理

22. 下列环境噪声监测点布设，符合《声环境质量标准》要求的是（　　）。（2013年考题）

A. 噪声敏感建筑物户外测点，距墙壁或窗户 1.0 m，距地面高度 1.3 m

B. 噪声敏感建筑物户外测点，距墙壁或窗户 1.5 m，距地面高度 1.0 m

C. 噪声敏感建筑物户内测点，距墙壁和窗户 1.5 m，距地面高度 1.8 m

D. 噪声敏感建筑物户内测点，距墙壁和窗户 1.0 m，距地面高度 1.3 m

23. 根据《城市区域环境振动标准》，居民文教区夜间冲击振动最大值不得超过（　　）dB。（2013 年考题）

A. 75　　B. 73　　C. 70　　D. 67

24. 某学校位于 2 类声环境功能区，教室受某企业结构传播固定设备噪声影响。根据《工业企业厂界环境噪声排放标准》，教室内结构传播噪声的等效声级应执行（　　）限值。（2013 年考题）

A. A 类房间、1 类区　　B. B 类房间、2 类区

C. A 类房间、2 类区　　D. B 类房间、1 类区

25. 某冷冻厂位于 2 类声环境功能区，其东侧厂界与一幢西向开窗的住宅距离为 0.5 m。根据《工业企业厂界环境噪声排放标准》，监测该厂相邻住宅东侧厂界夜间噪声，其监测位置及评价依据是（　　）。（2013 年考题）

A. 室内，L_{Aeq}≤40 dB　　B. 室外，L_{Aeq}≤50 dB

C. 室内，L_{Aeq}≤60 dB　　D. 室外，L_{Aeq}≤65 dB

26. 下列施工作业不适用《建筑施工场界环境噪声排放标准》的是（　　）。（2013年考题）

A. 桥梁建造工程　　B. 桥梁垮塌事故抢修

C. 建筑物室外装修工程　　D. 建筑物拆除工程

27. 下列设备排放的噪声中，适用《社会生活环境噪声排放标准》的是（　　）。（2013 年考题）

A. 超市货梯噪声　　B. 学校燃气锅炉噪声

C. 住宅楼配套生活水泵噪声　　D. 机关办公楼中央空调冷却塔噪声

28. 根据《社会生活环境噪声排放标准》，下列关于社会生活噪声测量的说法，正确的是（　　）。（2013 年考题）

A. 被测声源是稳态噪声，应同时测量最大声级

B. 被测声源是非稳态噪声，测量 10 min 的等效声级

C．测量固定设备结构传播至噪声敏感建筑物室内噪声时，被测房间应处于关窗状态

D．噪声敏感建筑物受户外社会生活噪声影响，且不得不在室内测量时，测点所在房间应处于关窗状态

29．根据《声环境质量标准》，下列区域一定距离内，含有 4 类声环境功能区的是（　　）。（2014 年考题）

A．机场跑道两侧区域　　B．城市支路两侧区域

C．铁路专用线两侧区域　　D．二级公路两侧区域

30．根据《声环境质量标准》，文教区执行的突发噪声限值是（　　）dB（A）。（2014 年考题）

A．夜间 55　　B．夜间 60　　C．昼间 65　　D．昼间 70

31．根据《城市区域环境振动标准》，铁路干线两侧环境振动标准值是（　　）。（2014 年考题）

A．昼间 75 dB、夜间 72 dB　　B．昼间 75 dB、夜间 75 dB

C．昼间 80 dB、夜间 77 dB　　D．昼间 80 dB、夜间 80 dB

32．某工业企业厂界 1 m 外有受影响的噪声敏感建筑物，且厂界处设有 3.5 m 高实体围墙。根据《工业企业厂界环境噪声排放标准》，下列关于该企业厂界噪声测点布设的说法，正确的是（　　）。（2014 年考题）

A．噪声测点应布设在噪声敏感建筑物室内

B．噪声测点应布设在噪声敏感建筑物室外 1 m 处

C．噪声测点应布设在围墙外 1 m，高于围墙 0.5 m 以上位置处

D．噪声测点应布设在围墙外 1 m，高于地面 1.2 m 处

33．某工业企业装卸货物产生突发的撞击声，根据《工业企业厂界环境噪声排放标准》，下列关于该企业厂界噪声测量结果评价的说法，正确的是（　　）。（2014 年考题）

A．需对各测点的昼间最大声压级进行评价

B．需对各测点的昼间最大 A 声级进行评价

C．需要对各测点的夜间最大声压级进行评价

D．需要对各测点的夜间最大 A 声压级进行评价

34．根据《建筑施工场界环境噪声排放标准》，说法正确的是（　　）。（2014 年考题）

A．不同施工阶段排放限值相同

B．打桩阶段排放限值最大

C．无最大 A 声级排放限值

D．夜间最大 A 声级限值为 65 dB（A）

35．某教学楼位于 2 类声环境功能区，楼外 2 m 处为道路施工场地边界，在道路施工期间，教学楼外 1 m 处测得等效声级为昼间 65 dB（A），夜间 56 dB（A），夜间背景噪声均为 40 dB（A）。根据《建筑施工场界环境噪声排放标准》和《声环境质量标准》，下列关于环境噪声评价结果的说法，正确的是（　　）。（2014 年考题）

A．教学楼室外环境噪声昼间等效声级达标

B．教学楼室外环境噪声夜间等效声级达标

C．临时教学楼侧道路施工场界昼间等效声级达标

D．临时教学楼侧道路施工场界夜间等效声级达标

36．根据《社会生活环境噪声排放标准》，下列关于结构传播固定设备室内噪声排放限值的说法，正确的是（　　）。（2014 年考题）

A．限值不区分类型

B．限值不区分房间所处声环境功能区

C．限值包括等效声级和倍频带声压级

D．非稳态噪声最大声级允许超过限值 10 dB（A）

37．根据《声环境质量标准》，下列区域中，属于 2 类声环境功能区的是（　　）。（2015 年考题）

A．康复疗养区　　B．居民文教区　　C．物资仓储区　　D．商业金融区

38．根据《声环境质量标准》，关于环境噪声监测类型的说法，正确的是（　　）。（2015 年考题）

A．环境噪声监测分为声环境功能区监测和噪声敏感建筑物监测

B．环境噪声监测分为城市区域噪声监测和噪声敏感建筑物监测

C．环境噪声监测分为声环境功能区监测和道路交通噪声监测

D．环境噪声监测分为城市区域噪声监测和道路交通噪声监测

39．根据《城市区域环境振动标准》，居民、文教区铅垂向 Z 振级标准值是（　　）。（2015 年考题）

A．昼间 65 dB、夜间 65 dB　　B．昼间 70 dB、夜间 67 dB

C．昼间 75 dB、夜间 72 dB　　D．昼间 80 dB、夜间 80 dB

40．根据《工业企业厂界环境噪声排放标准》，关于固定设备通过建筑物结构传播至噪声敏感建筑物 A、B 类房间噪声限值的说法，错误的是（　　）。（2015 年考题）

A．A 类房间有等效声级限值

B．B 类房间无倍频带声压级限值

C．A、B 类房间限值与房间使用功能有关

D．A、B 类房间限值与所处声环境功能区有关

41．某项目施工场地一侧紧邻居民住宅（距离小于 1 m），项目施工时该住宅（受施工噪声影响方向窗户开启时）室内昼间等效声级为 65 dB（A）、夜间最大声级为 56 dB（A）。根据《建筑施工厂界环境噪声排放标准》，关于该居民住宅处施工厂界噪声排放达标情况的说法，正确的是（　　）。（2015 年考题）

A．昼间等效声级超标、夜间最大声级超标

B．昼间等效声级达标、夜间最大声级达标

C．昼间等效声级超标、夜间最大声级达标

D．昼间等效声级达标、夜间最大声级超标

42．根据《建筑施工厂界环境噪声排放标准》，关于施工厂界噪声测点布设的说法，正确的是（　　）。（2015 年考题）

A．测点应设在施工厂界处

B．在噪声敏感建筑物室内测量时，测点应设在室内靠窗口处

C．当厂界无法测量到声源的实际排放时，测点可设在噪声敏感建筑物户外 1 m 处

D．厂界外无噪声敏感建筑物时，测点应设在厂界外 1 m、高于厂界围墙 0.5 m 以上位置

43．某商住楼 1～2 层为大型超市，3 层以上为住宅。超市内大型货梯运行时对 3 层以上住宅室内产生噪声污染。关于该商住楼住宅室内噪声污染执行标准和限值的说法正确的是（　　）。（2015 年考题）

A．应执行《工业企业厂界环境噪声排放标准》中的厂界环境噪声排放限值

B．应执行《工业企业厂界环境噪声排放标准》中的结构传播固定设备室内噪声排放限值

C．应执行《社会生活环境噪声排放标准》中的边界噪声排放限值

D．应执行《社会生活环境噪声排放标准》中的结构传播固定设备室内噪声排放限值

44．根据《社会生活环境噪声排放标准》，关于受稳态噪声源影响的边界噪声测量的说法，正确的是（　　）。（2015 年考题）

A．必须测量昼间最大 A 声级

B．必须测量夜间最大 A 声级

C．必须测量昼夜等效声级

D．只需测量昼间夜间 1 min 的等效声级

45．下列区域中，其声环境质量评价与管理不适用《声环境质量标准》的是（　　）。（2016 年考题）

A．受公路噪声影响的村庄

B．受铁路噪声影响的集镇

C．受施工噪声影响的学校

D．受飞机通过噪声影响的机场周围区域

46．根据《声环境质量标准》，下列区域中，属于 1 类声环境功能区的是（　　）。（2016 年考题）

A．康复疗养区等特别需要安静的区域

B．以行政办公为主要功能，需要保持安静的区域

C．以商业金融为主要功能，需要维护住宅安静的区域

D．以集市贸易为主要功能，需要维护住宅安静的区域

47．根据《城市区域环境振动标准》，交通干线道路两侧铅垂向 Z 振级标准值是（　　）。（2016 年考题）

A．昼间 70 dB、夜间 67 dB　　B．昼间 75 dB、夜间 72 dB

C．昼间 80 dB、夜间 75 dB　　D．昼间 80 dB、夜间 80 dB

48．下列场所中，其噪声排放不适用《工业企业厂界环境噪声排放标准》的是（　　）。（2016 年考题）

A．学校　　B．医院　　C．商场　　D．养老院

49．某工厂南侧厂界处设有 8 m 高声屏障，该侧厂界外 15 m 处有一居民住宅。根据《工业企业厂界环境噪声排放标准》，关于该工厂南侧厂界噪声测点布设的说法，正确的是（　　）。（2016 年考题）

A．在南侧厂界外 1 m、高度 1.2 m 以上布设测点，同时在该住宅内另设测点

B．在南侧厂界外 1 m、高度 1.2 m 以上布设测点，同时在该住宅外 1 m 处另设测点

C．在声屏障正上方 0.5 m 位置处布设测点，同时在该住宅内另设测点

D．在声屏障正上方 0.5 m 位置处布设测点，同时在该住宅外 1 m 处另设测点

50．某建筑施工场界噪声昼间、夜间等效声级分别为 65 dB（A）、55 dB（A），昼间、夜间最大声级分别为 85 dB（A）、70 dB（A）。根据《建筑施工场界环境噪声排放标准》，关于该建筑施工场界排放的说法，正确的是（　　）。（2016 年考题）

A．昼间达标，夜间达标　　B．昼间达标，夜间超标

C．昼间超标，夜间达标　　D．昼间超标，夜间超标

51．关于《社会生活环境噪声排放标准》适用范围的说法，正确的是（　　）。（2016 年考题）

A．适用于家庭装修活动排放的环境噪声管理、评价和控制

B．适用于商业经营活动排放的环境噪声管理、评价和控制

C．适用于公共活动场所排放的环境噪声管理、评价和控制

D．适用于非营业性文化娱乐场所排放的环境噪声管理、评价和控制

52．某 KTV 建成营业后通过建筑结构对楼上酒店客房产生较大的非稳态噪声污染。根据《社会生活环境噪声排放标准》，关于测量 KTV 通过建筑结构传播至

客房内噪声的说法，正确的是（　　）。（2016年考题）

A. 在客房窗户开启状态下测量

B. 测点须布设在客房内噪声最大位置处

C. 测量正常营业是客房内1 min等效声级

D. 须测量客房内噪声31.5～500 Hz各倍频带声压级

53. 根据《声环境质量标准》，下列交通线路中，需在其两侧一定距离内划定4a类声环境功能区的是（　　）。（2017年考题）

A. 三级公路　　B. 城市支路

C. 内河航道　　D. 铁路干线

54. 根据《声环境质量标准》，关于1类声环境功能区环境噪声限值的说法，正确的是（　　）。（2017年考题）

A. 昼间等效声级限值为60 dB（A）

B. 夜间等效声级限值为45 dB（A）

C. 昼间最大声级限值为70 dB（A）

D. 夜间最大声级限值为55 dB（A）

55. 根据《城市区域环境振动标准》，铅垂向*Z*振级昼间70 dB、夜间67 dB适用的地带范围是（　　）。（2017年考题）

A. 文教区　　B. 商业中心区

C. 工业集中区　　D. 交通干线道路两侧

56. 铁路货场边界噪声控制应执行的标准是（　　）。（2017年考题）

A.《社会生活环境噪声排放标准》

B.《铁路边界噪声限值及其测量方法》

C.《建筑施工场界环境噪声排放标准》

D.《工业企业厂界环境噪声排放标准》

57. 根据《工业企业厂界环境噪声排放标准》，关于工业企业厂界环境噪声排放限值的说法，正确的是（　　）。（2017年）

A. 夜间频发噪声最大声级超过等效声级限值的幅度不得高于15 dB（A）

B. 夜间偶发噪声最大声级超过等效声级限值的幅度不得高于20 dB（A）

C. 未划分声环境功能区的区域，厂界环境噪声排放统一执行3类声环境功能区限值

D. 当固定设备排放的噪声通过建筑物结构传播至噪声敏感建筑物室内时，其等效声级不得超过规定的限值

58. 某企业北侧无噪声敏感建筑物，南侧厂界外20 m处有一村庄，企业厂界处建有2.6 m高围墙。根据《工业企业厂界环境噪声排放标准》，关于厂界噪声测点布

设的说法，正确的是（　　）。（2017 年考题）

A．北侧厂界测点选在厂界外 1 m，高于围墙 0.5 m 以上

B．南侧厂界测点选在厂界外 1 m，高于围墙 0.5 m 以上

C．南、北侧厂界测点均选在厂界外 1 m，高于围墙 1.2 m 以上

D．南、北侧厂界测点均选在厂界外 1 m，高于围墙 0.5 m 以上

59．某企业位于 3 类声环境功能区，对东、南、西、北四侧厂界昼间环境噪声进行测量，噪声值分别为 67 dB（A）、65 dB（A）、63 dB（A）和 61 dB（A）。根据《工业企业厂界环境噪声排放标准》，关于厂界噪声评价结果的说法，正确的是（　　）。（2017 年考题）

A．昼间四侧厂界噪声均超标

B．昼间四侧厂界噪声均达标

C．昼间只有东侧厂界噪声超标

D．昼间四侧厂界噪声平均值达标

60．根据《建筑施工场界环境噪声排放标准》，关于施工期间噪声等效声级测量的说法，正确的是（　　）。（2017 年考题）

A．测量连续 20 min 的等效声级

B．测量连续 1 h 的等效声级

C．测量全部施工作业时段的等效声级

D．测量昼间 16 h、夜间 8 h 的等效声级

61．根据《声环境质量标准》，居住、商业、工业混杂区域中，需要维护住宅安静的区域属于（　　）。（2018 年考题）

A．0 类声环境功能区　　B．1 类声环境功能区

C．2 类声环境功能区　　D．3 类声环境功能区

62．根据《声环境质量标准》，环境噪声监测按监测对象和目的划分为（　　）。（2018 年考题）

A．声环境功能区监测和噪声敏感建筑物监测

B．环境噪声常规（例行）监测和不定期监测

C．区域环境噪声定点监测和网络普查监测

D．城市交通噪声监测和固定声源噪声监测

63．根据《城市区域环境振动标准》，铁路干线两侧铅垂向 Z 振级标准是（　　）。（2018 年考题）

A．昼间 70 dB、夜间 67 dB　　B．昼间 75 dB、夜间 72 dB

C．昼间 80 dB、夜间 75 dB　　D．昼间 80 dB、夜间 80 dB

64．《工业企业厂界环境噪声排放标准》适用于（　　）。（2018 年考题）

A．工业企业施工期噪声排放的管理、评价与控制

B．机关、事业单位噪声排放的管理、评价与控制

C．商业经营活动中向环境排放噪声的设备、设施的管理、评价与控制

D．营业性文化娱乐向环境排放噪声的设备、设施的管理、评价与控制

65．根据《工业企业厂界环境噪声排放标准》，关于噪声测量结果评价的说法，正确的是（　　）。（2018年考题）

A．各个测点的测量结果应单独评价

B．各个测点的测量结果取平均值进行评价

C．同一测点连续两天的测量结果取平均值进行评价

D．同一测点昼间、夜间的测量结果按昼夜等效声级进行评价

66．根据《建筑施工场界环境噪声排放标准》，关于环境噪声排放限值的说法，正确的是（　　）。（2018年考题）

A．昼间、夜间环境噪声排放限值与施工现场所处声环境功能区类别无关

B．昼间施工噪声的最大声级超过昼间等效声级限值的幅度不得高于15 dB（A）

C．夜间施工噪声的最大声级超过夜间等效声级限值的幅度不得高于10 dB（A）

D．当场界距噪声敏感建筑物较近、室外不满足测量条件时，可在噪声敏感建筑物室内测量，以场界环境噪声排放限值减15 dB（A）作为评价依据

67．某酒店位于1类声环境功能区，设有娱乐场所，据《社会生活环境噪声排放标准》，关于娱乐场所通过建筑结构传播至该酒店客房内的噪声排放限值的说法，正确的是（　　）。（2018年考题）

A．各倍频带声压级执行B类房间噪声排放限值

B．各倍频带声压级执行A类房间噪声排放限值

C．最大声级超过B类房间噪声排放限值的幅度不得高于10 dB（A）

D．最大声级超过A类房间噪声排放限值的幅度不得高于15 dB（A）

68．根据《声环境质量标准》，关于噪声敏感建筑物监测的说法，错误的是（　　）。（2019年考题）

A．不得不在噪声敏感建筑物室内监测时，应在门窗关闭状况下进行室内噪声监测

B．受铁路噪声影响的，昼、夜各测量不低于平均运行密度的1 h等效声级L_{eq}

C．若城市轨道交通（地面段）的运行车次密集，测量时间可缩短至20 min

D．受固定噪声源的非稳态噪声影响的，测量整个正常工作时间（或代表性时段）的等效声级L_{eq}

69．根据《声环境质量标准》，居住、商业、工业混杂区执行的夜间突发噪声限值是（　　）。（2019年考题）

A．夜间 50 dB　B．夜间 65 dB　C．昼间 60 dB　D．昼间 75 dB

70．根据《城市区域环境振动标准》，交通干线道路两侧铅垂向 Z 振级标准值为（　　）。（2019 年考题）

A．昼间 70 dB，夜间 67 dB　B．昼间 75 dB，夜间 72 dB

C．昼间 80 dB，夜间 75 dB　D．昼间 80 dB，夜间 80 dB

71．关于《建筑施工场界环境噪声排放标准》适用范围的说法，正确的是（　　）。（2019 年考题）

A．标准适用于抢修、抢险施工过程产生噪声的管理

B．标准适用于已竣工交付使用的住宅楼进行室内装修活动产生噪声的管理

C．市政、通信、交通、水利等其他类型的施工噪声排放可参照本标准执行

D．标准不适用于农村地区周围有噪声敏感建筑物的建筑施工噪声排放的管理

72．某项目施工场地一侧紧临居民住宅区（距离小于 1 m），项目施工时该住宅（受施工噪声影响方向窗户开启时）室内昼夜等效声级为 63 dB（A）、夜间最大声级为 58 dB（A）。根据《建筑施工场界环境噪声排放标准》，关于该居民住宅处施工场界噪声排放达标情况的说法，正确的是（　　）。（2019 年考题）

A．昼间等效声级超标，夜间最大声级超标

B．昼间等效声级达标，夜间最大声级达标

C．昼间等效声级超标，夜间最大声级达标

D．昼间等效声级达标，夜间最大声级超标

73．某企业北侧、东侧无噪声敏感建筑物，南侧厂界 15 m 处有一村庄，企业厂界处建有 2.5 m 高围墙；西侧厂界处设有 6 m 高声屏障，该侧厂界外 15 m 处有一居民住宅。根据《工业企业厂界环境噪声排放标准》，关于厂界噪声测点布设的说法，正确的是（　　）。（2019 年考题）

A．北侧厂界测点选在厂界外 1 m、高度 1.2 m 以上、距任意反射面距离不小于 1 m 的位置

B．东侧厂界测点选在厂界外 1 m、高度 1.2 m 以上、距任意反射面距离不小于 1 m 的位置

C．南侧厂界测点选在厂界外 1 m、高于围墙 0.5 m 以上的位置

D．西侧厂界测点选在厂界外 1 m、高于围墙 0.5 m 以上的位置，同时应该在住宅外 1 m 处另设测点

74．某歌舞厅边界背景噪声值为 63 dB，正常营业时噪声测量值为 67 dB。根据《社会生活环境噪声排放标准》，确定该歌舞厅所在边界处排放的噪声级时，测量结果的修正要求是（　　）。（2019 年考题）

A．无须修正

B．修正值为−2 dB

C．修正值为−3 dB

D．应采取措施降低背景噪声后重新测量，再按要求进行修正

75．根据《声环境质量标准》，Ⅰ类声环境功能区执行的昼间环境噪声等效声级限值是（　　）。（2020 年考题）

A．45 dB（A）　B．55 dB（A）　C．60 dB（A）　D．70 dB（A）

76．根据《城市区域环境振动标准》，文教区昼间铅垂向 Z 振级标准值为（　　）。（2020 年考题）

A．72 dB（A）　B．70 dB（A）　C．66 dB（A）　D．65 dB（A）

77．某企业位于 2 类声环境功能区，四侧厂界昼间噪声排放值分别为 56 dB（A）、62 dB（A）、59 dB（A）、58 dB（A）。根据《工业企业厂界环境噪声排放标准》，关于厂界噪声评价的说法，正确的是（　　）。（2020 年考题）

A．厂界昼间噪声能量平均值达标

B．有一侧厂界昼间噪声排放超标

C．厂界昼间噪声算术平均值达标

D．有两侧厂界昼间噪声排放超标

78．根据《建筑施工场界环境噪声排放标准》，关于建筑施工场界噪声排放限值的说法，错误的是（　　）。（2020 年考题）

A．昼间噪声等效声级限值为 70 dB（A）

B．昼间噪声最大 A 声级限值为 70 dB（A）

C．夜间噪声等效声级限值为 55 dB（A）

D．夜间噪声最大声级限值为 70 dB（A）

二、不定项选择题（每题的备选项中至少有一个符合题意）

1．根据《声环境质量标准》，关于 2 类声环境功能区突发噪声限值，说法正确的有（　　）。（2010 年考题）

A．昼间突发噪声最大声级不高于 75 dB

B．夜间突发噪声最大声级不高于 65 dB

C．昼间突发噪声最大声级不高于 70 dB

D．夜间突发噪声最大声级不高于 60 dB

2．下列产生结构传播噪声的声源中，适用《工业企业厂界环境噪声排放标准》的有（　　）。（2010 年考题）

A．铁路列车　B．燃气轮机

C．住宅楼集中供热水泵　D．罗茨风机

3．下列场所中，噪声排放适用《工业企业厂界环境噪声排放标准》的有（　　）。（2011 年考题）

A．宾馆改造工程施工场地　　B．商品混凝土厂

C．机关单位　　D．机场区域内的工厂

4．根据《工业企业厂界环境噪声排放标准》，当固定设备噪声通过结构传播至噪声敏感建筑物室内时，关于室内噪声排放限值，说法正确的有（　　）。（2011 年考题）

A．住宅卧室与医院病房内的排放限值相同

B．室内倍频带声压级限值随倍频带中心频率升高而减小

C．位于 0 类声环境功能区的 A、B 类房间内排放限值相同

D．位于 2、3、4 类声环境功能区的 A 类房间内排放限值相同

5．位于 2 类声环境功能区的某高层建筑，1～3 层为大型超市，3 层以上为办公楼，超市大型货梯排放的噪声应满足（　　）。（2011 年考题）

A．在超市边界处排放的噪声不得超过《社会生活环境噪声排放标准》中 2 类声环境功能区限值

B．在超市边界处排放的噪声不得超过《工业企业厂界环境噪声排放标准》中 2 类声环境功能区限值

C．通过建筑结构传播至楼上办公室内的噪声不得超过《社会生活环境噪声排放标准》中 2 类声环境功能区 B 类房间限值

D．通过建筑结构传播至楼上办公室内的噪声不得超过《工业企业厂界环境噪声排放标准》中 2 类声环境功能区 A 类房间限值

6．根据《建筑施工场界环境噪声排放标准》，施工期间的环境噪声测量时段和测量量包括（　　）。（2013 年考题）

A．测量夜间最大 A 声级　　B．测量连续 1 min 的等效声级

C．测量连续 20 min 的等效声级　　D．测量连续 8 h 的等效声级

7．《建筑施工场界环境噪声排放标准》适用于（　　）。（2014 年考题）

A．农村村庄附近天然气管道施工噪声排放的管理

B．远海区海上石油钻井平台施工噪声排放的管理

C．城市居民区市政工程施工噪声排放的管理

D．城市建成区污水管道抢修施工噪声排放的管理

8．下列场所或设施中，噪声排放适用《社会生活环境噪声排放标准》的有（　　）。（2015 年考题）

A．农贸市场　　B．地铁风亭

C．学校锅炉房　　D．酒店配套冷却塔

9．根据《声环境质量标准》，各类声环境功能区应执行的噪声限值有（　　）。

A．昼间等效声级　　　　B．夜间等效声级

C．昼间突发噪声最大声级　　　　D．夜间突发噪声最大声级

10．关于《建筑施工场界环境噪声排放标准》适用范围的说法，正确的有（　　）。（2016 年考题）

A．标准适用于抢修、抢险施工过程产生噪声的管理

B．标准适用于建筑装饰工程（家庭装修除外）施工过程产生噪声的管理

C．标准适用于农村地区周围有噪声敏感建筑物的建筑施工噪声排放的管理

D．标准适用于城市区域周围有噪声敏感建筑物的建筑施工噪声排放的管理

11．根据《声环境质量标准》，关于乡村区域适用的声环境质量要求的说法，正确的有（　　）。（2017 年考题）

A．村庄执行 1 类声环境功能区要求

B．集镇执行 2 类声环境功能区要求

C．独立于村庄、集镇之外的工业、仓储集中区执行 3 类声环境功能区要求

D．位于交通干线两侧一定距离内的噪声敏感建筑物执行 4 类声环境功能区要求

12．根据《建筑施工场界环境噪声排放标准》，关于环境噪声排放限值的说法，正确的是（　　）。（2017 年考题）

A．对昼间施工噪声有等效声级和最大声级要求

B．昼间、夜间环境噪声排放限值针对不同施工阶段有所差异

C．昼间、夜间环境噪声排放限值与施工现场所处声环境功能区类别有关

D．夜间施工噪声的最大声级超过夜间等效声级限值的幅度不得高于 15 dB（A）

13．根据《声环境质量标准》，4a 类声环境功能区适用的区域为（　　）。（2019 年考题）

A．三级公路两侧区域　　　　B．城市次干路两侧区域

C．内河航道两侧区域　　　　D．铁路干线两侧区域

14．根据《工业企业厂界环境噪声排放标准》，当固定设备噪声通过结构传播至噪声敏感建筑物室内时，关于室内噪声排放限值，说法正确的有（　　）。（2019 年考题）

A．住宅卧室与医院病房内的排放限值相同

B．室内倍频带声压级限值随倍频带中心频率升高而减小

C．位于 0 类声环境功能区的 A、B 类房间内排放限值相同

D．位于 2、3、4 类声环境功能区的 A 类房间内排放限值相同

15．根据《社会生活环境噪声排放标准》，关于结构传播固定设备室内噪声排放

限值的说法，错误的是（　　）。（2019 年考题）

A．2 类区的 A 类房间昼、夜间限值分别严于 B 类房间

B．2 类区的 B 类房间昼、夜间限值分别严于 A 类房间

C．2 类区的 A 类房间昼、夜间限值分别严于 3 类区

D．2 类区的 B 类房间昼、夜间限值分别严于 3 类区

16.《建筑施工场界环境噪声排放标准》适用于（　　）。（2020 年考题）

A．周围有噪声敏感建筑物的建筑施工场地

B．已竣工交付使用的住宅楼室内装修活动

C．所有建设施工场地

D．工程临时混凝土拌合场

参考答案

一、单项选择题

1．D

2．C　【解析】货物装卸属频发噪声，夜间有频发、偶发噪声影响时同时测量最大声级。

3．D　【解析】本题考查测量结果的修正要求，有三种情况。噪声测量值与背景噪声值相差小于 3 dB（A）时，应采取措施降低背景噪声后，视情况按相关规定进行修正。

4．C　【解析】此题考查得很细，类似于不定项选择题。选项 A 的正确说法是：距离任何反射物（地面除外）至少 3.5 m 外测量，距地面高度 1.2 m 以上；选项 B、D 的正确说法分别是：噪声敏感建筑物户内，距离墙面和其他反射面至少 1 m，距窗约 1.5 m 处，距地面 1.2～1.5 m 高；噪声敏感建筑物户外，距墙壁或窗户 1 m 处，距地面高度 1.2 m 以上。

5．B　【解析】机场周围区域受飞机通过（起飞、降落、低空飞越）噪声的影响，不适用于该标准。

6．C

7．D　【解析】各类声环境功能区夜间突发噪声，其最大声级超过环境噪声限值的幅度不得高于 15 dB（A）。2 类声环境功能区标准限值夜间≤50 dB（A）。

8．A

9．B　【解析】每日发生几次的冲击振动，其最大值昼间不允许超过标准值 10 dB，夜间不超过标准值 3 dB。

10．D 【解析】《社会生活环境噪声排放标准》适用于对营业性文化娱乐场所、商业经营活动，学校锅炉房不属于商业经营活动。

11．B 【解析】噪声测量值与背景噪声值相差 5 dB（A）。噪声测量值与背景噪声值相差在 3～10 dB（A）时，噪声测量值与背景噪声值的差值取整后，按相应值进行修正。相差 5 dB（A）修正值为-2 dB（A）。

12．C 13．B

14．A 【解析】《声环境质量标准》中对于 4a 类声环境功能区范围划分依据没有具体明确，只明确：4 类声环境功能区指交通干线两侧一定距离之内，需要防止交通噪声对周围环境产生严重影响的区域。一定距离如何确定，在《声环境功能区划分技术规范》（GB/T 15190—2014）有规定。

15．D 【解析】穿越城区的既有铁路干线按昼间 70 dB（A）、夜间 55 dB（A）执行（4a 类）。

16．B 17．D

18．B 【解析】被测声源是稳态噪声，采用 1 min 的等效声级。被测声源是非稳态噪声，测量被测声源有代表性时段的等效声级，必要时测量被测声源整个正常工作时段的等效声级。

19．D 【解析】被测声源是稳态噪声，采用 1 min 的等效声级。

20．C 【解析】根据社会生活噪声排放源、周围噪声敏感建筑物的布局以及毗邻的区域类别，在社会生活噪声排放源边界布设多个测点，其中包括距噪声敏感建筑物较近以及受被测声源影响大的位置。一般情况下，测点选在社会生活噪声排放源边界外 1 m、高度 1.2 m 以上的位置。

21．B 22．A

23．C 【解析】标准值是 67，但注意题目问的是“最大值”。

24．B 【解析】A 类房间是指以睡眠为主要目的，需要保证夜间安静的房间，包括住宅卧室、医院病房、宾馆客房等。B 类房间是指主要在昼间使用，需要保证思考与精神集中、正常讲话不被干扰的房间，包括学校教室、会议室、办公室、住宅中卧室以外的其他房间等。

25．A 【解析】当厂界与噪声敏感建筑物距离小于 1 m 时，厂界环境噪声应在噪声敏感建筑物的室内测量，并将表中对应功能区相应的限值减 10 dB（A）作为评价依据。

26．B

27．A 【解析】据环函〔2011〕88 号，住宅楼配套生活水泵、配电房、电梯、变压器等噪声不适用《工业企业厂界环境噪声排放标准》，也不适用《社会生活环境噪声排放标准》，暂时没有这类标准。

28．C

29．D　【解析】4类声环境功能区包括4a类和4b类两种类型：4a类为高速公路、一级公路、二级公路、城市快速公路、城市主干路、城市次干路、城市轨道交通（地面段）、内河航道两侧区域；4b类为铁路干线两侧区域。

30．B　【解析】文教区属于1类声环境功能区，其环境噪声限值为昼间65 dB（A）、夜间45 dB（A）。

31．D　【解析】铁路干线两侧环境振动标准值为昼间80 dB，夜间80 dB。

32．C　【解析】当厂界有围墙且周围有受影响的噪声敏感建筑物时，环境噪声测点应选在厂界外1 m、高于围墙0.5 m以上的位置。

33．D　【解析】应分别在昼间、夜间两个时段测量环境噪声，当夜间有频发、偶发噪声影响时，应同时测量最大声级。这里的声级是指A声级。

34．A　【解析】《建筑施工场界环境噪声排放标准》规定：建筑施工过程中不同施工阶段噪声排放限值相同，分别为昼间 70 dB（A）、夜间 55 dB（A）。夜间噪声最大声级超过限值的幅度不得高于15 dB（A）。

35. C　【解析】2类声环境功能区的噪声限值为昼间60 dB（A）、夜间55 dB（A）；建筑施工场界环境噪声限值为昼间70 dB（A）、夜间55 dB（A）。

36．C　【解析】结构传播固定设备室内噪声排放标准限值依据房间类型（A类房间和B类房间）以及房间所处声环境功能区的不同而不同。从该标准中可知该限值包括等效声级和倍频带声压级。对于在噪声测量期间发生非稳态噪声（如电梯噪声等）的情况，最大声级超过限值的幅度不得高于10 dB（A）。

37．D　【解析】2类声环境功能区是指以商业金融、集市贸易为主要功能，或者居住、商业、工业混杂，需要维护住宅安静的区域。

38．A　39．B

40．B　【解析】A、B类房间都有倍频带声压级限值。

41．C　【解析】对于一般项目标准限值为：昼间70 dB（A），夜间55 dB（A）。但室外不能测时，标准限值减去10 dB（A）作为评价依据，即昼间标准限值为60 dB（A）、夜间 45 dB（A），另外，夜间最大声级超过限值的幅度不得高于15 dB（A），即60 dB（A）。

42．C　【解析】选项A的正确说法是：一般情况下测点设在施工场界外1 m、高度1.2 m以上的位置。选项B的正确说法是：在噪声敏感建筑物室内测量时，测点设在室内中央、距室内任一反射面0.5 m以上，距地面1.2 m高度以上，在受噪声影响方向的窗户开启状态下测量。选项D的监测按一般情况下监测布点。

43．D　【解析】超市适用于《社会生活环境噪声排放标准》。

44．D　【解析】被测声源是稳态噪声，采用1 min的等效声级。

45．D　【解析】选项 D 适用《机场周围飞机噪声环境标准》。

46．B　47．B

48．C　【解析】商场执行《社会生活环境噪声排放标准》。

49．B　【解析】当厂界无法测量到声源的实际排放状况时（如声源位于高空、厂界设有声屏障等），应按“测点选在工业企业厂界外 1 m、高度 1.2 m 以上的位置”设置测点，同时在受影响的噪声敏感建筑物户外 1 m 处另设测点。

50．A　【解析】夜间噪声最大声级超过限值的幅度不得高于 15 dB（A）。

51．B　52．D

53．C　【解析】4a 类为高速公路、一级公路、二级公路、城市快速路、城市主干路、城市次干路、城市轨道交通（地面段）、内河航道两侧区域。

54．B

55．A　【解析】居民区、文教区适用铅垂向 *Z* 振级昼间 70 dB、夜间 67 dB 的地带范围。

56．D　【解析】《铁路边界噪声限值及测量方法》只适用于城市铁路边界噪声的评价。

57．D　【解析】夜间频发噪声的最大声级超过限值的幅度不得高于 10 dB（A）。夜间偶发噪声的最大声级超过限值的幅度不得高于 15 dB（A）。工业企业若位于未划分声环境功能区的区域，当厂界外有噪声敏感建筑物时，由当地县级以上人民政府参照 GB 3096 和 GB/T 15190 的规定确定厂界外区域的声环境质量要求，并执行相应的厂界环境噪声排放限值。

58．D　59．C

60．A　【解析】施工期间，测量连续 20 min 的等效声级，夜间同时测量最大声级。

61．C　【解析】按区域的使用功能特点和环境质量要求，声环境功能区分为以下五种类型：0 类指康复疗养区等特别需要安静的区域。1 类指以居民住宅、医疗卫生、文化教育、科研设计、行政办公为主要功能，需要保持安静的区域。2 类指以商业金融、集市贸易为主要功能，或者居住、商业、工业混杂，需要维护住宅安静的区域。3 类指以工业生产、仓储物流为主要功能，需要防止工业噪声对周围环境产生严重影响的区域。4 类声环境功能区指交通干线两侧一定距离之内，需要防止交通噪声对周围环境产生严重影响的区域，包括 4a 类和 4b 类两种类型。4a 类为高速公路、一级公路、二级公路、城市快速路、城市主干路、城市次干路、城市轨道交通（地面段）、内河航道两侧区域；4b 类为铁路干线两侧区域。简要记为“城市主次快，一二高速来，内河轨道爱（A）”。

62．A　【解析】环境噪声监测类型：根据监测对象和目的，环境噪声监测分为声环境功能区监测和噪声敏感建筑物监测两种类型。

63．D　【解析】见下表：

城市各类区域铅垂向 Z 振级标准值（注意表中的数字规律）　　单位：dB

适用地带范围	特殊住宅区	居民、文教区	混合区、商业中心区	工业集中区	交通干线道路两侧	铁路干线两侧
昼间	65	70	75	75	75	80
夜间	65	67	72	72	72	80

记忆规律："特殊铁路昼夜同，一个 65 和 80，72、75 昼和夜，商混工交也相同，居民文教 670"。

64．B　【解析】《工业企业厂界环境噪声排放标准》规定了工业企业和固定设备厂界环境噪声排放限值及其测量方法。本标准适用于工业企业噪声排放的管理、评价及控制。机关、事业单位、团体等对外环境排放噪声的单位也按本标准执行。

65．A　【解析】各测点的测量结果应单独评价。同一测点每天测量结果按昼间、夜间进行评价。最大声级 L_{max} 直接评价。

66．A　【解析】建筑施工过程中场界环境噪声不得超过规定的排放限值。夜间噪声最大声级超过限值的幅度不得高于 15 dB（A）。当场界距噪声敏感建筑物较近，其室外不满足测量条件时，可在噪声敏感建筑物室内测量，并将表中相应的限值减 10 dB（A）作为评价依据。建筑施工场界环境噪声排放限值：昼间 70 dB（A），夜间 55 dB（A）。

67．B　【解析】A 类房间——以睡眠为主要目的，需要保证夜间安静的房间，包括住宅卧室、医院病房、宾馆客房等；对于在噪声测量期间发生非稳态噪声（如电梯噪声等）的情况，最大声级超过限值的幅度不得高于 10 dB（A）。

68．A　【解析】噪声敏感建筑物监测要求：监测点一般设于噪声敏感建筑物户外。当不得不在噪声敏感建筑物室内监测时，应在门窗全打开的状况下进行室内噪声监测，并采用较该噪声敏感建筑物所在声环境功能区对应环境噪声限值低 10 dB（A）的值作为评价依据。对敏感建筑物的环境噪声监测应在周围环境噪声源正常工作条件下测量，视噪声源的运行工况，分昼、夜两个时段连续进行。根据环境噪声源的特征，可优化测量时间：①受固定噪声源的噪声影响：稳态噪声测量 1 min 的等效声级 L_{eq}；非稳态噪声测量整个正常工作时间（或代表性时段）的等效声级 L_{eq}。②受交通噪声源的噪声影响对于铁路、城市轨道交通（地面段）、内河航道，昼、夜各测量不低于平均运行密度的 1 h 等效声级 L_{eq}，若城市轨道交通（地面段）的运行车次密集，测量时间可缩短至 20 min。对于道路交通，昼、夜各测量不低于平均运行密度的 20 min 等效声级 L_{eq}。③受突发噪声的影响：以上监测对象夜间存在突发噪声的，应同时监测测量时段内的最大声级 L_{max}。

69．B　【解析】2类指以商业金融、集市贸易为主要功能，或者居住、商业、工业混杂，需要维护住宅安静的区域。居住、商业、工业混杂区属2类声环境功能区，环境噪声限值按昼间60 dB（A）、夜间50 dB（A）执行，夜间突发噪声，其最大声级超过环境噪声限值的幅度不得高于15 dB（A），即夜间按65 dB（A）执行。

70．B　【解析】城市各类区域铅垂向 Z 振级标准值，下表注：①“特殊住宅区”是指特别需要安静的住宅区。②“居民、文教区”是指纯居民区和文教、机关区。③“混合区”是指一般商业与居民混合区；工业、商业、少量交通与居民混合区。④“商业中心区”是指商业集中的繁华地区。⑤“工业集中区”是指在一个城市或区域内规划明确确定的工业区。⑥“交通干线道路两侧”是指车流量每小时100辆以上的道路两侧。⑦“铁路干线两侧”是指距每日车流量不少于20列的铁道外轨30 m外两侧的住宅区。

71．C　【解析】《建筑施工场界环境噪声排放标准》适用于周围有噪声敏感建筑物的建筑施工噪声排放的管理、评价及控制。市政、通信、交通、水利等其他类型的施工噪声排放可参照本标准执行。本标准所指的建筑施工：是指工程建设实施阶段的生产活动，是各类建筑物的建造过程，包括基础工程施工、屋面工程施工、装饰工程施工（已竣工交付使用的住宅楼进行室内装修活动除外）等，故已竣工交付使用的住宅楼进行室内装修活动噪声排放的管理、评价及控制不适用于本标准。本标准不适用于抢修、抢险施工过程中产生噪声的排放监管。

72．C　【解析】建筑施工过程中场界环境噪声不得超过规定的排放限值。夜间噪声最大声级超过限值的幅度不得高于 15 dB（A）。当场界距噪声敏感建筑物较近，其室外不满足测量条件时，可在噪声敏感建筑物室内测量，并将表中相应的限值减10 dB（A）作为评价依据。建筑施工场界环境噪声排放限值（单位 dB（A））：昼间 70，夜间 55。当场界距噪声敏感建筑物较近，在室内测量时，标准限值减去10 dB（A）作为评价依据，即昼间标准限值为70−10=60 dB（A），昼间等效声级为63 dB（A）大于昼间标准限制为70−10=60 dB（A），故昼间等效声级超标；夜间标准限值为55−10=45 dB（A），夜间最大声级超过限值的幅度不得高于 15 dB（A），即最高限值为45+15=60 dB(A)，夜间最大声级为58 dB(A)小于最高限值为45+15=60 dB（A），故夜间最大声级达标。

73．C　【解析】测点位置：（1）测点布设：根据工业企业声源、周围噪声敏感建筑物的布局以及毗邻的区域类别，在工业企业厂界布设多个测点，其中包括距噪声敏感建筑物较近以及受被测声源影响大的位置。（2）测点位置一般规定：一般情况下，测点选在工业企业厂界外1 m、高度1.2 m以上、距任一反射面距离不小于1 m的位置。（3）测点位置其他规定：①当厂界有围墙且周围有受影响的噪声敏感建筑物时，测点应选在厂界外 1 m、高于围墙 0.5 m 以上的位置；② 当厂界无法测量到声源的实际排放状况时（如声源位于高空、厂界设有声屏障等），应按（2）设置测点，同时在受影响的噪声敏感建筑物户外 1 m 处另设测点。北侧、东侧无噪声敏感建筑物，所以不必布设测点；南侧厂界测点选在厂界外 1 m，高于围墙 0.5 m 以上；西侧厂界测点选在厂界外 1 m、高度 1.2 m 以上布设测点，同时在该住宅外 1 m 处另设测点。

74. B　【解析】测量结果修正：（1）噪声测量值与背景噪声值相差＞10 dB（A）时，噪声测量值不做修正。（2）噪声测量值与背景噪声值相差在 3～10 dB（A）时，噪声测量值与背景噪声值的差值取整后，按如下方法进行修正：差值为 3 dB（A）、4～5 dB（A）、6～10 dB（A）时，对应的修正值分别为−3、−2、−1。（3）噪声测量值与背景噪声值相差＜3 dB（A）时，应采取措施降低背景噪声后，视情况按（1）或（2）执行；仍无法满足前两款要求的，应按环境噪声监测技术规范的有关规定执行。

75. B　【解析】该题考查各类声环境功能区适用的环境噪声等效声级限值。

76. B　【解析】根据《城市区域环境振动标准》，居民、文教区昼间铅垂向 Z 振级标准值为 70 dB（A）。

77. B　【解析】根据《工业企业厂界环境噪声排放标准》，厂界外 2 类声环境功能区昼间应执行 60 dB（A）的限值要求。

78. B　【解析】根据《建筑施工场界环境噪声排放标准》，建筑施工场界昼间噪声等效声级限值为 70 dB（A），夜间为 55 dB（A）。夜间噪声最大声级超过限值的幅度不得高于 15 dB（A）。

二、不定项选择题

1. B　【解析】2 类声环境功能区标准为昼间 60 dB（A）、夜间 50 dB（A）。各类声环境功能区夜间突发噪声，其最大声级超过环境噪声限值的幅度不得高于 15 dB（A）。注意没有“昼间”之说。

2. C　【解析】关键要抓住固定设备传播至噪声敏感建筑物室内。

3. BCD　【解析】《工业企业厂界环境噪声排放标准》适用于工业企业噪声排放的管理、评价及控制。机关、事业单位、团体等对外环境排放噪声的单位也按本标准执行。

4. ABCD　5. AC　6. AC

7. AC　【解析】《建筑施工场界环境噪声排放标准》适用于周围有噪声敏感建筑物的建筑施工噪声排放的管理、评价及控制。市政、通信、交通、水利等其他类型的施工噪声排放可以参照本标准执行。该标准不适用于抢修、抢险、施工过程中产生噪声的排放监督。选项 B 中因为在远海区海上石油钻井平台施工，周围没有噪声敏感建筑物。

8．AD 9．ABD

10．BCD 【解析】本标准不适用于抢修、抢险施工过程产生噪声的管理。

11．ABCD 12．D

13．BC 【解析】声环境功能区指交通干线两侧一定距离之内，需要防止交通噪声对周围环境产生严重影响的区域，包括4a类和4b类两种类型。4a类为高速公路、一级公路、二级公路、城市快速路、城市主干路、城市次干路、城市轨道交通（地面段）、内河航道两侧区域；4b类为铁路干线两侧区域。简要记为：城市主次快，一二高速来，内河轨道爱（A）。

14．BCD 【解析】同一声环境功能区的住宅卧室、宾馆客房与医院病房内的排放限值相同；不同声环境功能区的A、B房间都有等效声级和倍频带声压级限值；室内倍频带声压级限值随倍频带中心频率升高而减小；位于0类声环境功能区的A、B类房间和1类的A类房间内排放限值相同；1类B类房间和2、3、4类的A类房间内排放限值相同；位于2、3、4类声环境功能区的A类、B类房间内排放限值分别各自相同。

15．BCD 【解析】结构传播固定设备室内噪声排放限值：① 在社会生活噪声排放源位于噪声敏感建筑物内情况下，噪声通过建筑物结构传播至噪声敏感建筑物室内时，噪声敏感建筑物室内等效声级不得超过下表规定的限值。② 对于在噪声测量期间发生非稳态噪声（如电梯噪声等）的情况，最大声级超过限值的幅度不得高于10 dB（A）。以下两限值表与《工业企业厂界环境噪声排放标准》的表相同。注意：不同声环境功能区的A、B房间都有等效声级和倍频带声压级限值；室内倍频带声压级限值随倍频带中心频率升高而减小；位于0类声环境功能区的A、B类房间和1类的A类房间内排放限值相同；1类B类房间和2、3、4类的A类房间内排放限值相同；位于2、3、4类声环境功能区的A类、B类房间内排放限值分别各自相同。

结构传播固定设备室内噪声排放限值（等效声级） 单位：dB（A）

噪声敏感建筑物所处声环境功能区类别 \ 时段 \ 房间类型	A类房间		B类房间	
	昼间	夜间	昼间	夜间
0	40	30	40	30
1	40	30	45	35
2、3、4	45	35	50	40

注：A类房间——以睡眠为主要目的，需要保证夜间安静的房间，包括住宅卧室、医院病房、宾馆客房等；B类房间——主要在昼间使用，需要保证思考与精神集中，正常讲话不被干扰的房间，包括学校教室、会议室、办公室、住宅中卧室以外的其他房间。

结构传播固定设备室内噪声排放限值（倍频带声压级） 单位：dB

<table>
<tr><th rowspan="2">噪声敏感建筑物所处声环境功能区类别</th><th rowspan="2">时段</th><th rowspan="2">倍频程中心频率/Hz
房间类型</th><th colspan="5">室内噪声倍频带声压级限值</th></tr>
<tr><th>31.5</th><th>63</th><th>125</th><th>250</th><th>500</th></tr>
<tr><td rowspan="2">0</td><td>昼间</td><td>A、B 房间</td><td>76</td><td>59</td><td>48</td><td>39</td><td>34</td></tr>
<tr><td>夜间</td><td>A、B 房间</td><td>69</td><td>51</td><td>39</td><td>30</td><td>24</td></tr>
<tr><td rowspan="4">1</td><td rowspan="2">昼间</td><td>A 房间</td><td>76</td><td>59</td><td>48</td><td>39</td><td>34</td></tr>
<tr><td>B 房间</td><td>79</td><td>63</td><td>52</td><td>44</td><td>38</td></tr>
<tr><td rowspan="2">夜间</td><td>A 房间</td><td>69</td><td>51</td><td>39</td><td>30</td><td>24</td></tr>
<tr><td>B 房间</td><td>72</td><td>55</td><td>43</td><td>35</td><td>29</td></tr>
<tr><td rowspan="4">2、3、4</td><td rowspan="2">昼间</td><td>A 房间</td><td>79</td><td>63</td><td>52</td><td>44</td><td>38</td></tr>
<tr><td>B 房间</td><td>82</td><td>67</td><td>56</td><td>49</td><td>43</td></tr>
<tr><td rowspan="2">夜间</td><td>A 房间</td><td>72</td><td>55</td><td>43</td><td>35</td><td>29</td></tr>
<tr><td>B 房间</td><td>76</td><td>59</td><td>48</td><td>39</td><td>34</td></tr>
</table>

16．A 【解析】《建筑施工场界环境噪声排放标准》适用于周围有噪声敏感建筑物的建筑施工噪声排放的管理、评价及控制。市政、通信、交通、水利等其他类型的施工噪声排放可参照本标准执行。本标准所指的建筑施工：是指工程建设实施阶段的生产活动，是各类建筑物的建造过程，包括基础工程施工、屋面工程施工、装饰工程施工（已竣工交付使用的住宅楼进行室内装修活动除外）等，故已竣工交付使用的住宅楼进行室内装修活动噪声排放的管理、评价及控制不适用于本标准。本标准不适用于抢修、抢险施工过程中产生噪声的排放监管。

第七章　土壤环境影响评价技术导则及相关标准

引言：《环境影响评价技术导则　土壤环境》（HJ 964—2018）于 2019 年 7 月实施，2019 年以后开始出现考题。

一、单项选择题（每题的备选项中，只有一个最符合题意）

1．根据《环境影响评价技术导则　土壤环境》（HJ 964—2018）关于土壤环境现状监测布点的说法错误的是（　　）。（2019 年考题）

A．一级评价建设项目至少需布设 11 个监测点位

B．二级评价污染影响型建设项目占地范围外至少需布设 2 个表层样点

C．污染影响型建设项目占地范围超过 100 hm^2 的，每增加 20 hm^2 增加 1 个监测点

D．生态影响型建设项目可优化调整占地范围内、外监测点数量，保持总数不变

2．某Ⅱ类土壤环境影响评价项目（污染影响型）永久占地 48 hm^2，建设项目用地边界紧邻一茶园，根据《环境影响评价技术导则　土壤环境》（HJ 964—2018），判定其土壤环境影响评价工作等级为（　　）。（2019 年考题）

A．一级　　B．二级

C．三级　　D．不开展土壤环境影响评价工作

3．根据《环境影响评价技术导则　土壤环境》（HJ 964—2018），不属于污染影响型建设项目土壤环境污染途径的是（　　）。（2019 年考题）

A．大气沉降　　B．地面漫流　　C．垂直入渗　　D．水位变化

4．根据《环境影响评价技术导则　土壤环境》（HJ 964—2018），可能造成土壤盐化、酸化、碱化影响的建设项目，至少应分别选取（　　）等作为预测因子。（2019 年考题）

A．土壤盐分含量、pH　　B．土壤盐分含量、氧化还原电位

C．阳离子交换量、氧化还原电位　　D．阳离子交换量、pH

5．根据《环境影响评价技术导则　土壤环境》（HJ 964—2018），关于建设项目土壤环境保护措施的说法正确的有（　　）。（2019 年考题）

A．涉及地面漫流影响的，占地范围内应采取绿化措施

B．涉及盐化影响的，可采取排水排盐等措施

C．涉及盐化影响的，可采取提高地下水位等措施

D．涉及大气沉降影响的，可采取设置地面硬化、围堰或围墙等措施

6．根据《环境影响评价技术导则　土壤环境》（HJ 964—2018），土壤环境质量现状评价应采用（　　）。（2019 年考题）

A．标准指数法　　B．综合评分法

C．加附注的评分法　　D．类比分析法

7．根据《环境影响评价技术导则　土壤环境》（HJ 964—2018），危险品、化学品或石油等输送管线应以工程边界两侧向外延伸（　　）作为土壤环境影响现状调查评价范围。（2019 年考题）

A．0.2 km　　B．0.3 km　　C．0.5 km　　D．0.8 km

8．根据《环境影响评价技术导则　土壤环境》（HJ 964—2018），下列关于土壤环境说法正确的是（　　）。（2019 年考题）

A．土壤环境是指受自然因素作用的，由矿物质、有机质、水、空气、生物有机体等组成的陆地表面疏松综合体

B．土壤环境是指受人为因素作用的，由矿物质、有机质、水、空气、生物有机体等组成的陆地表面疏松综合体

C．土壤环境是指受自然或人为因素作用的，由矿物质、有机质、水、空气、生物有机体等组成的陆地表面疏松综合体

D．土壤环境是指受自然或人为因素作用的，由矿物质、有机质、水、空气、生物有机体等组成的污染物能够影响的松散层

9．根据《土壤环境质量　农用地土壤污染风险管控标准（试行）》（GB 15618—2018），不属于农用地土壤污染风险管制值项目的是（　　）。（2019 年考题）

A．砷　　B．铅　　C．铜　　D．镉

10．根据《土壤环境质量　建设用地土壤污染风险管控标准（试行）》（GB 36600—2018），下列用地执行该标准中表 1［建设用地土壤污染风险筛选值和管制值（基本项目）表］和表 2［建设用地土壤污染风险筛选值和管制值（其他项目）表］中第一类用地的筛选值和管制值的是（　　）。（2019 年考题）

A．商业服务业设施用地　　B．道路与交通设施用地

C．医疗卫生用地　　D．物流仓储用地

11．根据《土壤环境质量　建设用地土壤污染风险管控标准（试行）》（GB 36600—2018），关于土壤环境现状监测点布设的说法，错误的是（　　）。（2020 年考题）

A．一级评价的污染影响型建设项目，需要设置柱状样点

B．一级评价的生态影响型建设项目，需要设置柱状样点

C．二级评价的污染影响型建设项目，需要设置表层样点

D．三级评价的建设项目，只需设置表层样点

12．某危废焚烧项目占地规模为5 hm^2，其主导风向下风向300 m处有一居民区、400 m 处为该项目预测最大落地浓度点。根据《土壤环境质量　建设用地土壤污染风险管控标准（试行）》（GB 36600—2018），该项目土壤环境现状调查范围为占地范围外（　　）以内。（2020年考题）

A．200 m　　B．300 m　　C．400 m　　D．1000 m

13．根据《土壤环境质量　建设用地土壤污染风险管控标准（试行）》（GB 36600—2018），关于土壤环境影响预测评价的说法，错误的是（　　）。（2020年考题）

A．应重点预测评价占地范围内的累积影响

B．应重点预测评价占地范围外土壤环境敏感目标的累积影响

C．污染影响型建设项目可采取类比分析法预测土壤环境影响

D．生态影响型建设项目可采取类比分析法预测土壤环境影响

14．根据《土壤环境质量　建设用地土壤污染风险管控标准（试行）》（GB 36600—2018），下列情形中，不能得出土壤环境影响可接受结论的是（　　）。（2020年考题）

A．建设项目土壤环境敏感目标处各评价因子均满足相关标准要求

B．污染影响型建设项目有多个评价因子超标，但采取措施后大部分评价因子可满足相关标准要求

C．生态影响型建设项目建设阶段出现土壤盐化、酸化、碱化等问题，但采取防控措施后可满足相关标准要求

D．建设项目占地范围内各评价因子均满足相关标准要求

15．根据《土壤环境质量　建设用地土壤污染风险管控标准（试行）》（GB 36600—2018），涉及盐化影响的生态影响型建设项目减少盐化的最常见措施为（　　）。（2020年考题）

A．设置地面硬化　　B．采取绿化措施

C．提高地下水位　　D．降低地下水位

二、不定项选择题（每题的备选项中至少有一个符合题意）

1．根据《环境影响评价技术导则　土壤环境》（HJ 964—2018），建设项目土壤环境影响现状调查评价时，应根据建设项目特点以及可能产生的环境影响和当地环境特征，有针对性收集调查评价范围内的相关资料，主要包括以下内容（　　）。（2019年考题）

A．土地利用历史情况、土地利用现状图　　B．土地利用规划图、地形地貌特征资料

C．土壤类型分布图　　D．气象资料、水文及水文地质资料

2. 根据《环境影响评价技术导则　土壤环境》(HJ 964—2018)，下列关于土壤环境现状监测频次要求的说法正确的是（　　）。(2019 年考题)

A. 评价工作等级为一级的建设项目，基本因子应至少开展 1 次现状监测

B. 评价工作等级为三级的建设项目，若有 1 次监测数据，基本因子可不再进行现状监测

C. 引用基本因子监测数据应说明数据有效性

D. 特征因子应至少开展 1 次现状监测

3. 根据《环境影响评价技术导则　土壤环境》(HJ 964—2018)，关于土壤环境现状调查评价范围的说法，正确的有（　　）。(2020 年考题)

A. 一级评价的生态影响型建设项目的调查范围应为占地边界向外延伸 5 km

B. 危险品、化学品输送管线工程的调查范围应为工程边界两侧向外延伸 200 m

C. 改、扩建类建设项目占地范围指拟建工程占地

D. 涉及大气沉降途径影响的，调查范围可根据主导风向下风向的最大落地浓度适当调整

4. 根据《环境影响评价技术导则　土壤环境》(HJ 964—2018)，关于改、扩建项目污染影响源现状调查的说法，正确的有（　　）。(2020 年考题)

A. 一级评价项目应重点调查现有工程主要设施附近的土壤污染现状

B. 二级评价项目应重点调查现有工程主要设施附近的土壤污染现状

C. 二级评价项目不需调查现有工程的土壤环境保护措施情况

D. Ⅳ类建设项目可不开展影响源现状调查

5. 根据《土壤环境质量　农用地土壤污染风险管控标准（试行）》，关于农用地土壤污染风险筛选值（基本项目）的说法，正确的有（　　）。(2020 年考题)

A. 重金属风险筛选值应按元素可溶态计

B. 类金属砷风险筛选值应按元素总量计

C. 农用地土壤污染风险筛选值的基本项目包括铬（六价）

D. 水田土壤类金属砷风险筛选值一般应严于其他土壤

参考答案

一、单项选择题

1. B　【解析】现状监测点数量要求：(1) 建设项目各评价工作等级的监测点数不少于表 1 要求。(2) 生态影响型建设项目可优化调整占地范围内、外监测点数量，保持总数不变；占地范围超过 5 000 hm^2 的，每增加 1 000 hm^2 增加 1 个监测点。

（3）污染影响型建设项目占地范围超过 100 hm^2 的，每增加 20 hm^2 增加 1 个监测点。

表 1　现状监测布点类型与数量

评价工作等级		占地范围内	占地范围外
一级	生态影响型	5 个表层样点[a]	6 个表层样点
	污染影响型	5 个柱状样点[b]，2 个表层样点	4 个表层样点
二级	生态影响型	3 个表层样点	4 个表层样点
	污染影响型	3 个柱状样点，1 个表层样点	2 个表层样点
三级	生态影响型	1 个表层样点	2 个表层样点
	污染影响型	3 个表层样点	—

注：“—”表示无现状监测布点类型与数量的要求。

a-表层样应在 0～0.2 m 取样。

b-柱状样通常在 0～0.5 m、0.5～1.5 m、1.5～3 m 分别取样，3 m 以下每 3 m 取 1 个样，可根据基础埋深、土体构型适当调整。

2．B　【解析】污染影响型建设项目：将建设项目占地规模分为大型（≥50 hm^2）、中型（5～50 hm^2）、小型（≤5 hm^2），建设项目占地主要为永久占地。建设项目所在地周边的土壤环境敏感程度分为敏感、较敏感、不敏感，判别依据见表 2。根据土壤环境影响评价项目类别、占地规模与敏感程度划分评价工作等级，详见表 3。

表 2　污染影响型敏感程度分级

敏感程度	判别依据
敏感	建设项目周边存在耕地、园地、牧草地、饮用水水源地或居民区、学校、医院、疗养院、养老院等土壤环境敏感目标的；简记为：耕园牧饮，学医疗，养居民
较敏感	建设项目周边存在其他土壤环境敏感目标的
不敏感	其他情况

表 3　污染影响型评价工作等级划分

	Ⅰ类土壤环境影响评价项目			Ⅱ类土壤环境影响评价项目			Ⅲ类土壤环境影响评价项目		
	大	中	小	大	中	小	大	中	小
敏感	一级	一级	一级	二级	二级	二级	三级	三级	三级
较敏感	一级	一级	二级	二级	二级	三级	三级	三级	—
不敏感	一级	二级	二级	二级	三级	三级	三级	—	—

注：“—”表示可不开展土壤环境影响评价工作。

简记为：Ⅰ类除图中标记为背景色的为二级外（中小不小较二），全部为一级；Ⅱ类除图中标记为背景色的为三级外（中小不小较三），全部为二级；Ⅲ类除图中标记为背景色的为可不开展土壤环境影响评价工作外（中小不小较不），全部为三级。

3. D　【解析】污染影响型建设项目土壤环境污染途径：大气沉降、地面漫流、垂直入渗；生态影响型建设项目土壤环境污染途径：物质输入/运移和水位变化。

4. A　【解析】可能造成土壤盐化、酸化、碱化影响的建设项目，分别选取土壤盐分含量、pH 等作为预测因子。

5. B　【解析】生态影响型：① 涉及酸化、碱化影响的可采取相应措施调节土壤 pH，以减轻土壤酸化、碱化的程度；② 涉及盐化影响的，可采取排水排盐或降低地下水位等措施，以减轻土壤盐化的程度。污染影响型：① 涉及大气沉降影响的，占地范围内应采取绿化措施，以种植具有较强吸附能力的植物为主；② 涉及地面漫流影响的，应根据建设项目所在地的地形特点优化地面布局，必要时设置地面硬化、围堰或围墙，以防止土壤环境污染；③ 涉及入渗途径影响的，应根据相关标准规范要求，对设备设施采取相应的防渗措施，以防止土壤环境污染。

6. A　【解析】土壤环境质量现状评价应采用标准指数法。

7. A　【解析】危险品、化学品或石油等输送管线应以工程边界两侧向外延伸 0.2 km 作为调查评价范围。

8. C　【解析】土壤环境是指受自然或人为因素作用的，由矿物质、有机质、水、空气、生物有机体等组成的陆地表面疏松综合体，包括陆地表层能够生长植物的土壤层和污染物能够影响的松散层等。

9. C　【解析】农用地土壤污染风险管制值项目包括镉、汞、砷、铅、铬（简记为：铅汞镉铬砷，注意没有铜镍锌）。注意区别：农用地土壤污染风险筛选值的基本项目为必测项目，包括镉、汞、砷、铅、铬、铜、镍、锌（简记为：铅汞镉铬砷，铜镍锌）。

10. C　【解析】建设用地分类：建设用地中，城市建设用地根据保护对象暴露情况的不同，可划分为以下两类。（1）第一类用地：包括《城市用地分类与规划建设用地标准》（GB 50137）规定的城市建设用地中的居住用地（R），公共管理与公共服务用地中的中小学用地（A33）、医疗卫生用地（A5）和社会福利设施用地（A6），以及公园绿地（G1）中的社区公园或儿童公园用地等。（2）第二类用地：包括《城市用地分类与规划建设用地标准》（GB 50137）规定的城市建设用地中的工业用地（M），物流仓储用地（W），商业服务业设施用地（B），道路与交通设施用地（S），公用设施用地（U），公共管理与公共服务用地（A）（A33、A5、A6 除外），以及绿地与广场用地（G）（G1 中的社区公园或儿童公园用地除外）等。（3）建设用地中，其他建设用地可参照上述规定划分类别。建设用地规划用途为第一类用地的，适用表 1 和表 2 中第一类用地的筛选值和管制值；规划用途为第二类用地的，适用表 1 和表 2 中第二类用地的筛选值和管制值。规划用途不明确的，适用表 1 和表 2 中第一类用地的筛选值和管制值。表 1：建设用地土壤污染风险筛选值和管制值（基本项目）表，表 2：建设用地土壤污染风险筛选值和管制值（其他项目）表。

11．B 【解析】生态影响型建设项目，无论土壤评价工作等级为几级，均不需设置柱状样点。

12．D 【解析】危废焚烧项目为污染影响型建设项目，对照《土壤环境质量 建设用地土壤污染风险管控标准（试行）》附录 A，为 I 类项目；危废焚烧项目涉及大气沉降途径影响，其调查范围考虑主导风向下风向最大落地浓度点后，调查范围涉及土壤环境敏感目标，因此，其评价工作等级应为一级。对照现状调查范围（见表 4），该项目土壤环境现状调查范围为占地范围外 1 km 内。

表 4 现状调查范围

评价工作等级	影响类型	调查范围[a]	
		占地[b]范围内	占地范围外
一级	生态影响型	全部	5 km 范围内
	污染影响型		1 km 范围内
二级	生态影响型		2 km 范围内
	污染影响型		0.2 km 范围内
三级	生态影响型		1 km 范围内
	污染影响型		0.05 km 范围内

a-调查范围涉及大气沉降途径影响的，可根据主导风向下风向的最大落地浓度点适当调整；
b-矿山类项目指开采区与各场地的占地；改、扩建类的指现有工程与拟建工程的占地。

13．A 【解析】根据《土壤环境质量 建设用地土壤污染风险管控标准（试行）》（GB 36600—2018）8.1.3：应重点预测评价建设项目对占地范围外土壤环境敏感目标的累积影响，并根据建设项目特征兼顾对占地范围内的影响预测。根据 8.7.4：无论是污染影响型还是生态影响型建设项目，评价工作等级为三级的，均可采用定性描述或类比分析法进行预测。因此，错误选项为 A。

14．B 【解析】根据《土壤环境质量 建设用地土壤污染风险管控标准（试行）》（GB 36600—2018），污染影响型建设项目各不同阶段，土壤环境敏感目标处或占地范围内有个别点位、层位或评价因子出现超标，但采取必要措施后，可满足《农用地土壤污染风险管控标准》（GB 15618）。GB 36600 或其他土壤污染防治相关管理规定的，可得出建设项目土壤环境影响可接受的结论。选项 B 错误之处在于“大部分”描述不准确。

15．D 【解析】根据《土壤环境质量 建设用地土壤污染风险管控标准（试行）》

（GB 36600—2018）9.2.3.2：生态影响型建设项目涉及盐化影响的，可采取排水排盐或降低地下水位等措施，以减轻土壤盐化的程度。

二、不定项选择题

1. ABCD　【解析】建设项目土壤环境影响现状调查资料收集的内容与要求：根据建设项目特点、可能产生的环境影响和当地环境特征，有针对性地收集调查评价范围内的相关资料，主要包括以下内容：（1）土地利用现状图、土地利用规划图、土壤类型分布图；（2）气象资料、地形地貌特征资料、水文及水文地质资料等；（3）土地利用历史情况；（4）与建设项目土壤环境影响评价相关的其他资料。简记为：历史现状规划图，土壤类型记分布，形貌水气要记住。

2. ACD　【解析】现状监测频次要求：（1）基本因子：评价工作等级为一级的建设项目，应至少开展 1 次现状监测；评价工作等级为二级、三级的建设项目，若掌握近 3 年至少 1 次的监测数据，可不再进行现状监测；引用监测数据应满足本导则关于"布点原则"和"现状监测点数量要求"等条文相关要求，并说明数据有效性。（2）特征因子：应至少开展 1 次现状监测。

3. ABD　【解析】根据《环境影响评价技术导则　土壤环境》（HJ 964—2018）7.2：不同评价等级的建设项目（除线性工程外）土壤环境影响现状调查评价范围可参考表 4 确定；危险品、化学品或石油等输送管线应以工程边界两侧向外延伸 0.2 km 作为调查评价范围。

4. ABD　【解析】根据《环境影响评价技术导则　土壤环境》（HJ 964—2018）7.3.3.2：改、扩建的污染影响型建设项目，其评价工作等级为一级、二级的，应对现有工程的土壤环境保护措施情况进行调查，并重点调查主要装置或设施附近的土壤污染现状。Ⅳ类建设项目可不开展土壤环境影响评价，当然可不开展影响源现状调查。

5. BD　【解析】根据《土壤环境质量　农用地土壤污染风险管控标准（试行）》，重金属和类金属砷均按元素总量计。对于水旱轮作地，采用其中较严格的风险筛选值，对于类金属砷，水田比其他土壤风险筛选值均严格。

第八章　生态环境影响评价技术导则及相关标准

引言：《环境影响评价技术导则　生态影响》(HJ 19—2011) 于 2011 年 4 月发布，2012 年以后开始出现考题。每年分值在 12～15 分。

一、单项选择题（每题的备选项中，只有一个最符合题意）

1．某新建管道工程项目涉及省内风景名胜区，工程占地面积 1.8 km^2，工程长度 55 km。根据《环境影响评价技术导则　生态影响》，该项目生态影响评价等级为（　　）。（2012 年考题）

A．一级　　B．二级

C．三级　　D．仅做生态影响分析

2．根据《环境影响评价技术导则　生态影响》，不属于生态影响判定依据的是（　　）。（2012 年考题）

A．国家主体功能区划确定的要求

B．项目所在地公众的相关咨询意见

C．项目建设单位出具的环保工程投资证明资料

D．省级林业主管部门出具的相关批复意见

3．根据《环境影响评价技术导则　生态影响》，下列资料不符合一级评价项目生态现状调查要求的是（　　）。（2012 年考题）

A．遥感测定的生物量数据

B．样方实测的物种多样性数据

C．评价范围内主要生物物种名录

D．依据已有资料推断的物种多样性数据

4．根据《环境影响评价技术导则　生态影响》，生态背景调查时需逐个或逐类说明类型分布情况的物种种类是（　　）。（2012 年考题）

A．建群种　　B．优势种

C．地方特有物种　　D．重要经济物种

5．根据《环境影响评价技术导则　生态影响》，关于涉及省级保护物种的建设项目的生态环境影响评价，说法错误的是（　　）。（2012 年考题）

A．生态现状调查应逐个说明保护物种类型、分布、保护状况等

B．生态现状评价应重点分析保护物种的生态学特征

C．生态影响预测应分析预测项目对保护物种影响的潜在后果

D．生态保护措施应优先关注对保护物种的补偿对策

6．根据《环境影响评价技术导则 生态影响》，三级生态评价项目必须完成的基本图件是（ ）。（2012 年考题）

A．植被类型图 B．生态监测布点图

C．特殊生态敏感区空间分布图 D．典型生态保护措施平面布置示意图

7．根据《环境影响评价技术导则 生态影响》，应优先选择的替代方案是（ ）。（2012 年考题）

A．生态保护可行的方案 B．具有重大生态影响的建设项目

C．具有重大经济效益的建设项目 D．具有重大技术难题的建设项目

8．根据《环境影响评价技术导则 生态影响》，应提出长期生态监测计划的项目是（ ）。（2012 年考题）

A．具有重大社会影响的建设项目 B．具有重大生态影响的建设项目

C．具有重大经济效益的建设项目 D．具有重大技术难题的建设项目

9．某改、扩建工程项目位于重要生态敏感区，在其原厂界范围内改建面积 6 km^2，新增占用陆地面积 8 km^2，新增占用水域面积 7 km^2，根据《环境影响评价技术导则 生态影响》，该项目生态影响评价工作等级为（ ）。（2013 年考题）

A．一级 B．二级 C．三级 D．四级

10．根据《环境影响评价技术导则 生态影响》，建设项目生态评价工作范围确定依据不包括（ ）。（2013 年考题）

A．建设项目与所在区域行政隶属的关系

B．建设项目与所在区域生物过程的关系

C．建设项目与所在区域气候过程的关系

D．建设项目与所在区域水文过程的关系

11．根据《环境影响评价技术导则 生态影响》，高速公路项目环境影响评价中，工程分析的重点是（ ）。（2013 年考题）

A．环境质量现状调查 B．工程总投资情况

C．项目所处地理位置 D．工程挖填土石方平衡情况

12．根据《环境影响评价技术导则 生态影响》，下列关于生态现状调查的说法，错误的是（ ）。（2013 年考题）

A．调查内容和指标应能反映评价范围内的生态背景特征

B．应针对敏感生态保护目标开展专题调查

C. 应调查影响区域已存在的主要生态问题

D. 生态现状调查范围可小于评价工作范围

13. 某项目占地面积 5 km^2，涉及省级森林公园，根据《环境影响评价技术导则 生态影响》，下列关于该项目生态影响评价的说法，正确的是（ ）。（2013 年考题）

A. 该项目生态影响评价等级为一级

B. 生态背景调查必须说明森林公园功能区划和保护要求

C. 生态现状调查必须开展遥感调查分析

D. 生态现状评价必须对评价区域生态特征进行定量分析

14. 根据《环境影响评价技术导则 生态影响》，三级评价项目基本附件不包括（ ）。（2013 年考题）

A. 项目区域地理位置图　B. 工程平面图

C. 土地利用现状图　D. 植被类型图

15. 根据《环境影响评价技术导则 生态影响》，下列关于生态影响预测与评价内容的说法，错误的是（ ）。（2013 年考题）

A. 预测生态系统组成和服务功能的变化趋势

B. 重点关注可逆影响和累积生态影响

C. 预测评价项目对区域现存主要生态问题的影响趋势

D. 分析项目生态影响作用的方式、范围、强度和持续时间

16. 根据《环境影响评价技术导则 生态影响》，生态保护措施的基本内容不包括（ ）。（2013 年考题）

A. 生态保护措施的工艺

B. 施工期工程环境监理计划

C. 环境现状监测方案

D. 重大生态影响项目的长期生态监测方案

17. 某公路项目涉及重要生态敏感区，线路长度 30 km，工程永久占地 1.8 km^2，临时占地 0.7 km^2。根据《环境影响评价技术导则 生态影响》，该项目生态影响评价工作等级为（ ）。（2014 年考题）

A. 一级　B. 二级　C. 三级　D. 四级

18. 根据《环境影响评价技术导则 生态影响》，下列单元界限中，一般不作为生态影响评价工作范围参照边界的是（ ）。（2014 年考题）

A. 水文单位界限　B. 地理单元界限

C. 行政单元界限　D. 气候单元界限

19. 根据《环境影响评价技术导则 生态影响》，公路建设项目工程分析的重点不包括（ ）。（2014 年考题）

A. 山岭区挖填情况　　B. 公路建设等级

C. 穿越风景名胜区情况　　D. 取弃土场分布情况

20. 根据《环境影响评价技术导则　生态影响》，下列关于生态现状评价内容的说法，错误的是（　　）。（2014 年考题）

A. 需分析评价受影响区内动、植物等生态因子的现状组成、分布

B. 需分析评价受影响区内所有物种的生态学特征

C. 需分析评价受影响的重要生态敏感区保护现状和存在的问题

D. 需分析评价受影响的特殊生态敏感区保护现状和存在的问题

21. 某项目生态评价工作等级为一级，生态影响评价图件的成图范围为 8 km，根据《环境影响评价技术导则　生态影响》，该项目成图比例至少应是（　　）。（2014 年考题）

A. 1∶100 000　　B. 1∶50 000　　C. 1∶10 000　　D. 1∶5 000

22. 根据《环境影响评价技术导则　生态影响》，下列关于生态影响预测与评价内容的说法，错误的是（　　）。（2014 年考题）

A. 依据受影响生态系统的主导生态功能选择评价预测指标

B. 重点关注生态系统服务功能的可逆影响和累积生态影响

C. 分析评价项目对敏感生态保护目标的影响途径、影响方式和影响程度

D. 预测评价项目对区域现存主要生态问题的影响趋势

23. 根据《环境影响评价技术导则　生态影响》，下列关于生态影响预测与评价方法的说法，错误的是（　　）。（2014 年考题）

A. 采用列表清单法进行物种重要性比选

B. 采用香农—纳威指数表征生物量损失

C. 采用生态机理分析法预测项目对动植物种群的影响

D. 采用类比分析法预测生态问题的发展趋势

24. 某新建铁路工程推荐方案经过省级自然保护区实验区，根据《环境影响评价技术导则　生态影响》，应优先采用的生态保护措施是（　　）。（2014 年考题）

A. 调整路线方案，避让自然保护区范围

B. 向自然保护区行政主管部门办理行政许可

C. 优化保护区路段工程方案，减少保护区内占地数量

D. 调整自然保护区范围或功能分区，将铁路原经过的实验区调整为非保护区

25. 某矿山开采项目总占地面积 23 km^2，不涉及生态敏感区，项目开发可能导致矿区土地利用类型发生明显改变，根据《环境影响评价技术导则　生态影响》，关于该项目生态影响评价工作等级的说法，正确的是（　　）。（2015 年考题）

A. 生态影响评价工作等级为一级　B. 生态影响评价工作等级为二级

C．生态影响评价工作等级为三级　D．生态影响评价可仅做生态影响评价

26．根据《环境影响评价技术导则　生态影响》，关于生态影响评价工作范围的说法，正确的是（　　）。（2015 年考题）

A．评价范围为项目占地区域

B．评价范围为项目的间接影响区域

C．评价范围为项目的直接影响范围

D．评价范围涵盖项目全部活动的直接影响范围区域和间接影响区域

27．根据《环境影响评价技术导则　生态影响》，关于不同评价工作等级生态现状调查要求的说法，错误的是（　　）。（2015 年考题）

A．一级评价应给出采样地样方实测、遥感等方法测定的数据

B．二级评价应给出物种多样性实测数据

C．三级评价可充分借鉴原有资料进行说明

D．有敏感生态保护目标时应做专题调查

28．根据《环境影响评价技术导则　生态影响》，关于生态影响预测与评价方法的说法，错误的是（　　）。（2015 年考题）

A．景观生态学法可定量分析生境格局的变化

B．类比分析法可定性预测生态问题的发展趋势

C．列表清单法可定量预测对生物多样性的影响

D．图形叠置法可定量分析地下水位下降对植被的影响

29．某项目生态影响评价工作等级为二级，生态影响评价成图范围为 10 km^2。根据《环境影响评价技术导则　生态影响》，该项目生态影响评价图件成图比例规范要求为（　　）。（2015 年考题）

A．1∶1 万　　B．1∶5 万　　C．1∶10 万　　D．1∶25 万

30．某新建公路选线方案经过世界文化和自然遗产地，根据《环境影响评价技术导则　生态影响》，该项目应优先采用的生态保护措施是（　　）。（2015 年考题）

A．调整线路方案，避让世界文化和自然遗产地

B．减少公路设计车道数量，缩小占地的面积和范围

C．向有关行政主管部门申请行政许可并支付补偿金

D．将路线所经区域调整出世界文化和自然遗产地的范围

31．根据《环境影响评价技术导则　生态影响》，下列减缓生态影响的替代方案中，应优先选择的是（　　）。（2015 年考题）

A．生态影响最小的方案

B．生物量损失最小的方案

C．生态保护经济成本最小的方案

D．生态恢复、修复和补偿措施易于实施的方案

32．某河道建设的拦柯闸提明显改变了该河道的水文情势，严重影响了下游20 km处一重要水生生物的自然产卵场（影响面积小于2.0 km^2）。根据《环境影响评价技术导则　生态影响》，该拦河闸提的生态影响评价工作等级判定结果为（　　）。（2016年考题）

A．一级　　B．二级

C．三级　　D．可仅做生态影响分析

33．根据《环境影响评价技术导则　生态影响》，工程分析中应重点调查分析的时段是（　　）。（2016年考题）

A．勘察期和施工期　　B．勘察期和退役期

C．施工期和运营期　　D．运营期和退役期

34．根据《环境影响评价技术导则　生态影响》，关于生态现状调查要求的说法，错误的是（　　）。（2016年考题）

A．三级评价可充分借鉴已有的资料进行说明

B．特殊生态敏感区的生态调查应做专题调查

C．生态现状调查的范围应不小于评价工作范围

D．一级评价等生物量和生物多样性调查可依据已有资料推断

35．根据《环境影响评价技术导则　生态影响》，下列评价内容中，不属于生态现状评价内容的是（　　）。（2016年考题）

A．分析和评价生态系统受影响的范围、强度和持续时间

B．分析和评价影响区域内动、植物等生态因子的现状组成、分布

C．在阐明生态系统现状的基础上，分析影响区域内生态系统状况的主要原因

D．评价生态系统的结构与功能状况、生态系统面临压力和存在的问题、生态系统的总体变化趋势等

36．根据《环境影响评价技术导则　生态影响》，下列生态影响预测与评价方法中，兼具定性和半定量特点的评价方法是（　　）。（2016年考题）

A．列表清单法　　B．类比分析法

C．景观生态学法　　D．单因子指数法

37．根据《环境影响评价技术导则　生态影响》，关于生态影响的防护、恢复与补偿原则的说法，错误的是（　　）。（2016年考题）

A．涉及珍稀濒危物种时，必须提出恢复、修复和补偿措施

B．涉及特殊生态敏感区，必须提出可靠的避让措施或生境替代方案

C．所采取生态影响防护与恢复措施的效果应有利于修复或增强区域生态功能

D．应按项目实施阶段分别提出各项生态保护措施，并提出实施时限和经济估算

38. 根据《环境影响评价技术导则　生态影响》，关于替代方案及其生态可行性分析的说法，错误的是（　　）。（2016 年考题）

A. 最终选定的替代方案应是生态影响最小的方案

B. 应对项目组成和内容的替代方案进行生态可行性论证

C. 应对项目选线、选址的替代方案进行生态可行性论证

D. 应对项目施工和运营方案的替代方案进行生态可行性论证

39. 根据《环境影响评价技术导则　生态影响》，生态敏感区包括特殊生态敏感区和重要生态敏感区。下列敏感区中，属于特殊生态敏感区的是（　　）。（2017 年考题）

A. 森林公园　　B. 原始天然林

C. 自然保护区　　D. 珍稀濒危野生动植物天然集中分布区

40. 某露天矿山开采项目位于非生态敏感区，占地面积约 25 km^2，矿山开采将导致矿区土地利用类型发生明显改变。根据《环境影响评价技术导则　生态影响》，该矿山开采项目生态影响评价工作等级应为（　　）。（2017 年考题）

A. 一级　　B. 二级

C. 三级　　D. 可只做生态影响分析

41. 根据《环境影响评价技术导则　生态影响》，铅锌矿开采项目工程分析时段应涵盖（　　）。（2017 年考题）

A. 勘察期、施工期、运营期和退役期　　B. 施工期、运营期和退役期

C. 施工期和运营期　　D. 施工期

42. 根据《环境影响评价技术导则　生态影响》，下列内容中，不属于生态背景调查内容的是（　　）。（2017 年考题）

A. 影响区域内涉及的物种多样性、群落的生物量和生产力状况

B. 影响区域内相关的非生物因子特征（如气候、土壤、地貌等）

C. 影响区域内受保护的地方特有种、保护级别、保护状况等

D. 影响区域内涉及的生态系统类型、结构、功能和过程

43. 某建设项目生态影响评价工作等级为三级，根据《环境影响评价技术导则　生态影响》，该项目生态影响评价可不制作的图件是（　　）。（2017 年考题）

A. 工程平面图　　B. 土地利用现状图

C. 生态监测布点图　　D. 项目区域地理位置图

44. 根据《环境影响评价技术导则　生态影响》，关于生态影响预测与评价内容的说法，错误的是（　　）。（2017 年考题）

A. 预测评价项目对区域现存主要生态问题的影响趋势

B. 依据区域生态保护的需要和受影响生态系统的主导生态功能，选择评价预测

指标

C．通过分析影响作用的方式、范围、强度和持续时间判别生态系统受影响的范围、强度和持续时间

D．预测生态系统组成和服务功能的变化趋势时，重点关注不利影响，并简要分析不可逆影响和累积生态影响

45．某高速公路建设项目推荐线路部分路段穿越风景名胜区。根据《环境影响评价技术导则　生态影响》，该项目应优先采取的生态保护措施是（　　）。（2017年考题）

A．调整线路走向，避让风景名胜区

B．采用全隧道方式穿越风景名胜区

C．采用高架方式穿越风景名胜区

D．调整风景名胜区规划范围

46．根据《环境影响评价技术导则　生态影响》，下列区域中，按定义划分，属于重要生态敏感区的是（　　）。（2018 年考题）

A．森林公园　　B．自然保护区

C．世界文化和自然遗产区　　D．湿地和低洼汇水处

47．《环境影响评价技术导则　生态影响》规定的生态影响评价原则不包括（　　）。（2018 年考题）

A．重点与全面相结合原则　　B．定量与定性相结合原则

C．预防与恢复相结合原则　　D．系统性和完整性相结合原则

48．位于一般区域的某拦河闸项目回水范围为 6.5 km^2，可明显改变上下游水文情势，根据《环境影响评价技术导则　生态影响》，该项目生态环境影响评价工作等级为（　　）。（2018 年考题）

A．一级　　B．二级

C．三级　　D．可做生态影响分析

49．根据《环境影响评价技术导则　生态影响》，关于不同评价工作等级生态现状调查要求的说法，错误的是（　　）。（2018 年考题）

A．三级评价可充分借鉴已有资料进行说明

B．二级评价的生物量和物种多样性调查可依据已有资料推断

C．一级评价利用已有生物量资料时，需实测具有代表性的样方予以验证

D．在有敏感生态保护目标或其他特殊保护要求对象时，应开展专题调查

50．根据《环境影响评价技术导则　生态影响》，关于指数法应用的说法，错误的是（　　）。（2018 年考题）

A．可用于生态系统功能评价

B. 可用于生态因子单因子质量评价

C. 可用于生态多因子综合质量评价

D. 可用于生态保护措施筛选的优先度评价

51. 根据《环境影响评价技术导则　生态影响》，生态影响评价工作等级为二级的建设项目可不制作的图件是（　　）。（2018年考题）

A. 生态监测布点图

B. 重要生态敏感区空间分布图

C. 典型生态保护措施平面布置示意图

D. 主要评价因子的评价成果和预测图

52. 根据《环境影响评价技术导则　生态影响》，关于生态影响评价图件制作规范与要求的说法，错误的是（　　）。（2018年考题）

A. 项目区域地理位置图成图比例未作规定

B. 当成图范围过大时，可采用点、线、面相结合的方式，分幅成图

C. 生态影响评价图件制作基础数据来源包括已有图件资料、采样等信息

D. 当评价工作等级为二级及以上时，应分幅单独成图，以提高成图精度

53. 根据《环境影响评价技术导则　生态影响》，关于生态影响防护、恢复与补偿原则的说法，错误的是（　　）。（2018年考题）

A. 涉及敏感生态保护目标时，须提出可靠的避让措施或生境替代方案

B. 应按照避让、减缓、补偿和重建的次序提出生态影响防护与恢复的措施

C. 所采取的生态影响防护、恢复措施的效果应有利于修复和增强区域生态功能

D. 应按项目实施阶段分别提出各项生态保护措施，并提出实施时限和估算经费

54. 某铁路项目路由涉及一森林公园，线路长50 km，工程占地1.2 km^2，根据《环境影响评价技术导则　生态影响》，该项目生态影响评价等级为（　　）。（2019年考题）

A. 一级　　B. 二级

C. 三级　　D. 仅做生态影响分析

55. 生态影响评价等级三级的项目，根据《环境影响评价技术导则　生态影响》，基本图件不包括（　　）。（2019年考题）

A. 项目区域地理位置图　　B. 工程平面图

C. 土地利用现状图　　D. 植被类型图

56. 生态影响评价等级三级的公路项目，线路长50 km，工程占地1.2 km^2，根据《环境影响评价技术导则　生态影响》，成图比例尺精度为（　　）。（2019年考题）

A. ≥1∶25万　　B. ≥1∶10万

C. ≥1∶5万　　D. ≥1∶1万

57.《环境影响评价技术导则　生态影响》规定的生态影响评价原则不包括（　　）。（2020 年考题）

A．重点与全面相结合　　B．宏观与微观相结合

C．预防与恢复相结合　　D．定量与定性相结合

58．根据《环境影响评价技术导则　生态影响》，确定生态影响评价工作范围可不考虑（　　）。（2020 年考题）

A．涵盖评价项目全部活动的直接影响区域

B．涵盖评价项目全部活动的间接影响区域

C．评价项目影响区域涉及的行政单元界限

D．评价项目影响区域涉及的水文单元界限

59．根据《环境影响评价技术导则　生态影响》，生态影响评价工程分析重点内容不包括（　　）。（2020 年考题）

A．可能造成一般资源占用的工程行为

B．与特殊生态敏感区和重要生态敏感区有关的行为

C．可能产生间接生态影响的工程行为

D．可能产生累积生态影响的工程行为

60．根据《环境影响评价技术导则　生态影响》，生态保护措施的基本内容不包括（　　）。（2020 年考题）

A．环境保护投资概算

B．生态保护措施平面布置示意图

C．典型措施施工组织计划

D．保障措施和预期效果分析

二、不定项选择题（每题的备选项中至少有一个符合题意）

1．根据《环境影响评价技术导则　生态影响》，生态影响评价工作范围确定依据不考虑（　　）。（2012 年考题）

A．气候单元　　B．水文单元

C．地理单元　　D．行政单元

2．某露天锌矿开采项目可能对土壤环境产生影响。根据《环境影响评价技术导则　生态影响》，属于土壤生态影响判定依据的有（　　）。（2012 年考题）

A．项目所在地区的土壤生态背景值

B．当地政府颁布的土壤生态环境保护规划

C．项目开展的实际土壤生态监测、模拟结果

D．当地有机化工企业污染场地的土壤生态影响类比资料

3．根据《环境影响评价技术导则　生态影响》，下列关于替代方案的说法，正确的有（　　）。（2013年考题）

A．替代方案需进行生态可行性论证

B．替代方案包括工艺和生产技术的替代方案

C．应优先选择经济效益最好的替代方案

D．最终选定的替代方案必须是生态影响最小的方案

4．西北荒漠化地区某新建高速公路穿越国家重点保护野生动物迁徙路线。根据《环境影响评价技术导则　生态影响》，属于生态保护措施的有（　　）。（2013年考题）

A．动物通道有效性的监测计划

B．高速公路两侧防沙治沙工程方案

C．生态保护工程分标与招投标原则要求

D．环境保护投资估算

5．根据《环境影响评价技术导则　生态影响》，对于有重大生态影响的建设项目，下列关于生态环境保护措施基本内容的说法，正确的是（　　）。（2014年考题）

A．绘制生态保护措施平面布置示意图

B．提出长期生态监测计划

C．提出科技支撑方案

D．提出环境影响后评价等环保管理技术方案

6．根据《环境影响评价技术导则　生态影响》，在调查生态背景时应逐个说明其类型、分布、保护要求的敏感目标有（　　）。（2014年考题）

A．森林公园　　B．经济林地

C．重要湿地　　D．天然渔场

7．根据《环境影响评价技术导则　生态影响》，下列内容中，属于建设项目工程分析重点的有（　　）。（2015年考题）

A．可能产生重大生态影响的工程行为

B．可能造成重大资源占用和配置的工程行为

C．可能产生间接、累积生态影响的工程行为

D．与特殊生态敏感区和重要生态敏感区有关的工程行为

8．根据《环境影响评价技术导则　生态影响》，对可能具有重大、敏感生态影响的建设项目，其生态保护措施应包括（　　）等环保管理技术方案。（2015年考题）

A．施工期工程环境监测　　B．环境保护阶段验收和总体验收

C．长期的生态监测计划　　D．环境影响跟踪评价

9．根据《环境影响评价技术导则　生态影响》，下列内容中属于工程分析内容

的有（　　）。（2016 年考题）

A．施工方式　　B．总平面及现场布置

C．工程涉及的生态敏感区规模　　D．设计方案中的生态保护措施

10．根据《环境影响评价技术导则　生态影响》，下列生态基本图件中，属于评价工作等级为三级的建设项目应提供的图件有（　　）。（2016 年考题）

A．项目区域地理位置图　　B．土地利用现状图

C．典型生态保护措施平面布置示意图　　D．主要评价因子的评价成果和预测图

11．根据《环境影响评价技术导则　生态影响》，确定生态影响评价工作范围的原则有（　　）。（2017 年考题）

A．应依据生态因子之间的相互影响关系确定

B．应依据生态因子之间的相互依存关系确定

C．应依据评价项目对生态因子的影响方式确定

D．应依据评价项目对生态因子的影响程度确定

12．根据《环境影响评价技术导则　生态影响》，工程分析的重点应包括的主要内容有（　　）。（2017 年、2019 年考题）

A．可能产生重大生态影响的工程行为

B．与重要生态敏感区有关的工程行为

C．可能造成重大资源占用和配置的工程行为

D．可能产生间接、累积生态影响的工程行为

参考答案

一、单项选择题

1．B　【解析】省内风景名胜区属重要生态敏感区，由“工程占地面积 1.8 km^2”判断为三级，由“工程长度 55 km”判断为二级，总的判断应为二级。

2．C　【解析】下列 5 点是生态影响的判定依据：① 国家、行业和地方已颁布的资源环境保护等相关法规、政策、标准、规划和区划等确定的目标、措施与要求；② 科学研究判定的生态效应或评价项目实际的生态监测、模拟结果；③ 评价项目所在地区及相似区域生态背景值或本底值；④ 已有性质、规模以及区域生态敏感性相似项目的实际生态影响类比；⑤ 相关领域专家、管理部门及公众的咨询意见。

3．D　【解析】由于是一级评价项目，“依据已有资料推断的物种多样性数据”是不行的。

4．C

5．D 【解析】补偿对策并不是优先关注的。应按避让、减缓、补偿和重建的次序提出生态影响防护与恢复的措施。

6．D 7．A 8．B

9．B 【解析】工程占地范围以新增占地（含水域）面积或长度计算，该项目的新增占用面积应为 8+7=（15 km^2）＜（20 km^2）。

10．A 【解析】根据导则，生态影响评价应能充分体现生态完整性，涵盖评价项目全部活动的直接影响区域和间接影响区域。评价范围应依据评价项目对生态因子的影响方式、影响程度与生态因子之间的相互影响和相互依存的关系确定。可综合考虑评价项目与项目区的气候过程、水文过程、生物过程等生物地球化学循环过程的相互作用关系，以评价项目影响区域所涉及的完整气候单元、水文单元、生态单元、地理单元界限为参考边界。

11．D 【解析】生态影响的源及其强度是工程分析的重点，工程挖填土石方平衡情况就是生态影响的源之一。

12．D 【解析】选项 A、B、C 属于生态现状调查的基本要求。

13．B 【解析】省级森林公园为重要生态敏感区，项目占地面积 5 km^2，评价等级为二级。C、D 选项为一级评价的要求。

14．D

15．B 【解析】重点关注其中的不利影响、不可逆影响和累积生态影响。

16．C 【解析】根据导则，生态保护措施的基本内容包括：① 保护对象和目标，内容、规模及工艺，实施空间和时序，保障措施和预期效果分析，绘制生态保护措施平面布置示意图和典型措施设施工艺图。估算或概算环境保护投资。② 对可能具有重大、敏感生态影响的建设项目，区域、流域开发项目，应提出长期的生态监测计划、科技支撑方案，明确监测因子、方法、频次等。③ 明确施工期和运营期管理原则与技术要求。可提出环境保护工程分标与招投标原则，施工期工程环境监理，环境保护阶段验收和总体验收，环境影响后评价等环保管理技术方案。

17．C 【解析】占地（包括永久占地和临时占地）面积 2～20 km^2 或长度 50～100 km，涉及重要生态敏感区的建设项目的环境影响评价工作等级为二级；面积≤2 km^2 或长度≤50 km，涉及重要生态敏感区的建设项目的环境影响评价工作等级为三级。当工程占地（含水域）范围的面积或长度分别属于两个不同评价工作等级时，原则上按其中较高的等级进行评价。

18．C

19．B 【解析】工程分析重点内容包括：① 可能产生重大生态影响的工程行为；② 与特殊生态敏感区和重要生态敏感区有关的工程行为；③ 可能产生间接、累积生态影响的工程行为；④ 可能造成重大资源占用和配置的工程行为。A 选项属于可能产生重大生态影响的工程行为；C 选项属于与特殊生态敏感区和重要生态敏感区有关的工程行为；D 选项属于可能造成重大资源占用和配置的工程行为。

20．B

21．C　【解析】对于长度≤10 km，生态评价工作等级为一级的项目，其成图比例应≥1∶10 000。

22．B　【解析】2013 年出过类似的题。

23．B　【解析】香农—威纳指数通常是用来表征生物多样性。

24．A　【解析】应按照避让、减缓、补偿和重建的次序提出生态影响防护与恢复的措施。因此，题中应优先采用的生态保护措施是调整路线方案，避让自然保护区范围。

25．A　【解析】从“项目总占地面积 23 km^2，不涉及生态敏感区”可知，评价工作等级为二级，但项目开发可能导致矿区土地利用类型发生明显改变，评价工作等级应上调一级。因此，该项目生态影响评价工作等级为一级。

26．D　【解析】生态影响评价范围应能充分体现生态完整性，涵盖评价项目全部活动的直接影响区域和间接影响区域。

27．B　【解析】二级评价的生物量和物种多样性调查可依据已有资料推断，或实测一定数量的、具有代表性的样方予以验证。

28．C　【解析】景观生态学法、图形叠置法属生态学预测与评价方法定量分析的一种。

29．A

30．A　【解析】避让是保护世界文化和自然遗产地的最好措施。

31．A　【解析】评价应对替代方案进行生态可行性论证，优先选择生态影响最小的替代方案，最终选定的方案至少应该是生态保护可行的方案。

32．B　【解析】从影响面积看，评价等级是三级，在拦河闸坝建设可能明显改变水文情势等情况下，评价工作等级应上调一级。

33．C

34．D　【解析】 一级评价项目应给出采样地样方实测、遥感等方法测定的生物量、物种多样性等数据。

35．A　【解析】选项 A 属于影响预测的内容。

36．B　【解析】选项 A 属于定性的预测方法；选项 C 属于定量的预测评价方法；选项 D 属于定量的评价方法。

37．A　【解析】涉及珍稀濒危物种时，必须提出可靠的避让措施或生境替代方案。

38．A 【解析】优先选择生态影响小的替代方案，最终选定的方案至少应该是生态保护可行的方案。

39．C 40．A

41．A 【解析】工程分析时段应涵盖勘察期、施工期、运营期和退役期，以施工期和运营期为调查分析的重点。

42．A

43．C 【解析】三级评价只需项目区域地理位置图、工程平面图、土地利用或水体利用现状图、典型生态保护措施平面布置示意图。

44．D 【解析】不利影响、不可逆影响和累积生态影响要重点关注。

45．A 【解析】避让是最优方式。

46．A 【解析】重要生态敏感区：具有相对重要的生态服务功能或生态系统较为脆弱，如遭到占用、损失或破坏后所造成的生态影响后果较严重，但可以通过一定措施加以预防、恢复和替代的区域，包括两区（风景名胜区、珍稀濒危野生动植物天然集中分布区）、两园（森林公园、地质公园）、两重要（重要湿地、重要水生生物的自然产卵场及索饵场、越冬场和洄游通道，也可记为湿地通道和“三场”）、两天然（原始天然林、天然渔场）等。

47．D 【解析】生态影响评价的原则：坚持重点与全面相结合的原则、坚持预防与恢复相结合的原则、坚持定量与定性相结合的原则。

48．B 【解析】一般区域，占用水域面积为6.5 km^2，在2～20 km^2，生态影响评价工作等级为三级，拦河闸明显改变了该河道的水文情势，评价工作等级应上调一级，为二级。

49．C 【解析】总体要求：在有敏感生态保护目标（包括特殊生态敏感区和重要生态敏感区）或其他特别保护要求对象时，应做专题调查。不同评价工作等级现状调查的要求：一级评价应给出采样地样方实测、遥感等方法测定的生物量、物种多样性等数据（释义：即对评价区域生态特征进行定量分析），给出主要生物物种名录、受保护的野生动植物物种等调查资料；二级评价的生物量和物种多样性调查可依据已有资料推断，或实测一定数量的、具有代表性的样方予以验证；三级评价可充分借鉴已有资料进行说明。

50．D 【解析】指数法应用：① 可用于生态因子单因子质量评价；② 可用于生态多因子综合质量评价；③ 可用于生态系统功能评价。列表清单法可用于进行物种或栖息地重要性或优先度比选。

51．A 【解析】见基本图件与推荐图件构成要求表。

等级	基本图件	推荐图件
三级	（1）项目区域地理位置图 （2）工程平面图 （3）土地利用现状图 （4）典型生态保护措施平面布置示意图	（1）地形地貌图 （2）地表水系图 （3）海洋功能区划图 （4）植被类型图或绿化布置图 *重要生态敏感区：关键评价因子的评价成果图
二级	（5）地表水系图 （6）特殊生态敏感区和重要生态敏感区空间分布图 （7）主要评价因子的评价成果和预测图	（5）土壤侵蚀分布图 （6）水环境功能区划图 （7）水文地质图件 （8）海域岸线图 （9）已有土地利用规划图 （10）生态功能分区图
一级	（8）植被类型图 （9）生态监测布点图	（11）土壤类型图 （12）海洋渔业资源分布图、主要经济鱼类产卵分布图、海涂分布现状图 （13）塌陷等值线图 （14）动植物资源分布图 （15）珍稀濒危物种分布图 （16）基本农田分布图 （17）荒漠化土地分布图

52．D　【解析】生态影响评价成图应能准确、清晰地反映评价主题内容，成图比例不应低于表中的规范要求（项目区域地理位置图除外）。当成图范围过大时，可采用点、线、面相结合的方式，分幅成图；当涉及敏感生态保护目标时，应分幅单独成图，以提高成图精度。生态影响评价图件制作基础数据来源包括：已有图件资料、采样、实验、地面勘测和遥感信息等。

53．A　【解析】生态影响的防护、恢复与补偿原则：应按照避让、减缓、补偿和重建的次序提出生态影响防护与恢复的措施；所采取措施的效果应有利修复和增强区域生态功能。凡涉及不可替代、极具价值、极敏感、被破坏后很难恢复的敏感生态保护目标（如特殊生态敏感区、珍稀濒危物种）时，必须提出可靠的避让措施或生境替代方案。涉及采取措施后可恢复或修复的生态目标时，也应尽可能提出避让措施；否则，应制定恢复、修复和补偿措施。各项生态保护措施应按项目实施阶段分别提出，并提出实施时限和估算经费。

54．C　【解析】处于重要生态敏感区，面积≤2 km^2 或长度≤50 km，生态影响评价等级为三级。

55．D

56．B 【解析】生态影响评价图件成图比例规范要求如下。

成图范围		成图比例尺		
		一级评价	二级评价	三级评价
面积	≥100 km^2	≥1∶10 万	≥1∶10 万	≥1∶25 万
	20～100 km^2	≥1∶5 万	≥1∶5 万	≥1∶10 万
	2～≤20 km^2	≥1∶1 万	≥1∶1 万	≥1∶2.5 万
	≤2 km^2	≥1∶5000	≥1∶5000	≥1∶1 万
长度	≥100 km	≥1∶25 万	≥1∶25 万	≥1∶25 万
	50～100 km	≥1∶10 万	≥1∶10 万	≥1∶25 万
	10～≤50 km	≥1∶5 万	≥1∶10 万	≥1∶10 万
	≤10 km	≥1∶1 万	≥1∶1 万	≥1∶5 万

记忆方法：面积中，一二级前三行一致 1、5、10；三级 1，2.5 乘以 10 变为 25；长度中，大于等于 100 的，全是≥1∶25 万；一级 1、5、10；二级 1、10、10；三级 5、10、25。

57．B 【解析】根据《环境影响评价技术导则 生态影响》4.1：评价原则包括坚持重点与全面相结合的原则、坚持预防与恢复相结合的原则、坚持定量与定性相结合的原则。

58．C 【解析】根据《环境影响评价技术导则 生态影响》4.3：生态影响评价应能够充分体现生态完整性，涵盖评价项目全部活动的直接影响区域和间接影响区域。可综合考虑评价项目与项目区的气候过程、水文过程、生物过程等生物地球化学循环过程的相互作用关系，以评价项目影响区域所涉及的完整气候单元、水文单元、生态单元、地理单元界限为参照边界。行政单元不属于生态影响评价工作范围考虑的因素。

59．A 【解析】根据《环境影响评价技术导则 生态影响》5.2：工程分析重点内容包括可能产生重大生态影响的工程行为，与特殊生态敏感区和重要生态敏感区有关的工程行为，可能产生间接、累积生态影响的工程行为，可能造成重大资源占用和配置的工程行为。

60．C 【解析】根据《环境影响评价技术导则 生态影响》8.3.1：生态保护措施应包括保护对象和目标，内容、规模及工艺，实施空间和时序，保障措施和预期效果分析，绘制生态保护措施平面布置示意图和典型措施设施工艺图。估算或概算环境保护投资。而典型措施施工组织计划不属于环评阶段生态保护措施内容。

二、不定项选择题

1．D 【解析】生态影响评价应能够充分体现生态完整性，涵盖评价项目全部活动的直接影响区域和间接影响区域。综合考虑评价项目与项目区的气候过程、水文过程、生物过程等生物地球化学循环过程的相互作用关系，以评价项目影响区域所涉及的完整气候单元、水文单元、生态单元、地理单元界限为参照边界。

2. ABC　【解析】选项 D 中“有机化工企业污染场地”与“某露天锌矿开采项目”没有可比性。

3. AB　【解析】优先选择生态影响最小的方案，最终选定的替代方案至少应该是生态保护可行的方案。

4. ABCD　【解析】生态保护措施的范围较广，应当是全过程的生态保护，既有工程措施，也有管理措施。

5. ABC　【解析】生态保护措施应包括保护对象和目标，内容、规模及工艺，实施空间和时序，保障措施和预期效果分析，绘制生态保护措施平面布置示意图和典型措施设施工艺图。估算或概算环境保护投资。对可能具有重大、敏感生态影响的建设项目，区域、流域开发项目，应提出长期的生态监测计划、科技支撑方案，明确监测因子、方法、频次等。选项 A 对一般项目都应有，对重大生态影响的建设项目也不例外。

6. ACD　【解析】A、C、D 三项都属于重要生态敏感区。

7. ABCD

8. ABC　【解析】生态保护措施中没有“环境影响跟踪评价”内容，但有“环境影响后评价”的环保管理技术方案。

9. ABD

10. ABC　【解析】选项 D 属二级评价的项目。

11. ABCD　【解析】评价工作范围应依据评价项目对生态因子的影响方式、影响程度和生态因子之间的相互影响和相互依存关系确定。

12. ABCD　【解析】根据评价项目自身特点、区域的生态特点以及评价项目与影响区域生态系统的相互关系，确定工程分析的重点，分析生态影响的源，及其强度。主要内容应包括：① 可能产生重大生态影响的工程行为；② 与特殊生态敏感区和重要生态敏感区有关的工程行为；③ 可能产生间接、累积生态影响的工程行为；④ 可能造成重大资源占用和配置的工程行为。

第九章　规划环境影响评价技术导则

引言：《规划环境影响评价技术导则　总纲》(HJ 130—2019) 从 2020 年 3 月开始实施，因此本书仅收录了历年考题中相对于 2019 版导则仍有一定参考价值的题目，删除了大量导则相关条款已发生较大变化的题目，供考生参考。

一、单项选择题（每题的备选项中，只有一个最符合题意）

1.《规划环境影响评价技术导则　总纲》适用于（　　）的环境影响评价。(2015 年考题)

A．跨流域调水工程　　B．县级市土地利用规划

C．跨省输油管道工程　　D．省级水利资源开发利用规划

2．下列分析方法中，不属于《规划环境影响评价技术导则　总纲》规定的主要规划分析方式和方法的是（　　）。(2015 年考题)

A．问卷调查　　B．类比分析

C．矩阵分析　　D．专家咨询

3．根据《规划环境影响评价技术导则　总纲》，下列方法中，不属于环境影响识别与评价指标确定的方法是（　　）。(2015 年考题)

A．叠图分析　　B．层次分析

C．负荷分析　　D．灰色系统分析

4．根据《规划环境影响评价技术导则　总纲》，关于对规划要素提出优化调整建议的说法，错误的是（　　）。(2015 年考题)

A．规划的目标、发展定位与国家级、省级主体功能区规划不符时，应提出明确的优化调整建议

B．规划包含的具体建设项目属于国家明令禁止类型或不符合国家产业政策、环境保护政策时，应提出明确的优化调整建议

C．规划布局和规划包含的具体建设项目选址、选线与主体功能区划、生态功能区划、环境敏感区的保护要求发生严重冲突时，应提出明确的优化调整建议

D．规划方案中有依据现有知识水平和技术条件无法或难以对其产生的不良环境影响程度或范围作出科学、准确判断的内容时，可不提出规划的优化调整建议

5. 根据《规划环境影响评价技术导则　总纲》，推荐的规划分析主要方式或方法不包括（　　）。（2017 年考题）

A. 核查表　　B. 情景分析

C. 专家咨询　　D. 事件树分析

6. 根据《规划环境影响评价技术导则　总纲》，生态空间不包括（　　）。（2020 年考题）

A. 森林　　B. 湿地

C. 城镇空间　　D. 无居民海岛

7. 根据《规划环境影响评价技术导则　总纲》，基于环境管控单元，生态环境准入清单不考虑（　　）的管控要求。（2020 年考题）

A. 环境质量底线　　B. 生态保护红线

C. 资源利用上线　　D. 能源利用底线

8. 根据《规划环境影响评价技术导则　总纲》，规划环境影响评价原则不包括（　　）。（2020 年考题）

A. 早期介入、过程互动　　B. 统筹衔接、分类指导

C. 重点突出、市场导向　　D. 客观评价、结论科学

9. 根据《规划环境影响评价技术导则　总纲》，关于规划协调性分析的说法，错误的是（　　）。（2020 年考题）

A. 应分析规划与上层位规划的符合性

B. 应分析规划与区域“三线一单”管控要求的符合性

C. 应分析规划与战略环境影响评价文件的符合性

D. 应分析与同层位的自然资源开发利用规划的协调性

10. 根据《规划环境影响评价技术导则　总纲》，对于可能产生具有易生物蓄积、长期接触对人群和生物产生危害作用的无机和有机污染物、放射性污染物、微生物等的规划，应识别规划实施产生的污染物与人体接触的途径以及可能造成的（　　）。（2020 年考题）

A. 资源利用冲突加剧

B. 区域环境质量下降

C. 生态功能丧失

D. 人群健康风险

11. 根据《规划环境影响评价技术导则　总纲》，规划环境影响评价指标体系不包括（　　）。（2020 年考题）

A. 经济效益指标　　B. 污染排放指标

C. 资源利用指标　　D. 环境管理指标

12．根据《规划环境影响评价技术导则　总纲》，规划方案的环境合理性论证内容不包括（　　）。（2020年考题）

A．规划规模的环境合理性

B．规划建设时序的环境合理性

C．环境功能区划分的环境合理性

D．规划用地结构的环境合理性

13．根据《规划环境影响评价技术导则　总纲》，规划环境影响减缓对策和措施基本要求不包括（　　）。（2020年考题）

A．应具有可操作性

B．应具有不可替代性

C．应具有针对性

D．一般包括生态环境保护方案和管控要求

二、不定项选择题（每题的备选项中至少有一个符合题意）

1．《规划环境影响评价技术导则　总纲》可应用于（　　）。（2017年考题）

A．区域、流域、海域的建设、开发利用规划

B．省级人民政府有关部门组织编制的旅游发展规划

C．设区的市级以上人民政府组织编制的城市建设规划

D．县级人民政府组织编制的土地利用规划

2．根据《规划环境影响评价技术导则　总纲》，现状调查内容包括（　　）。（2017年考题）

A．自然环境状况调查

B．社会经济概况调查

C．公众参与现场调查

D．环保基础设施建设及运行情况调查

3．根据《规划环境影响评价技术导则　总纲》，环境现状分析与评价的方法可采用生态学分析法，下列属于生态学分析法的有（　　）。（2019年考题）

A．生态系统健康评价法

B．生态多样性评价法

C．生态系统服务功能评价方法

D．生态环境敏感性评价方法

参考答案

一、单项选择题

1. D 【解析】本导则适用于国务院有关部门、设区的市级以上地方人民政府及其有关部门组织编制的土地利用的有关规划，区域、流域、海域的建设、开发利用规划，以及工业、农业、畜牧业、林业、能源、水利、交通、城市建设、旅游、自然资源开发的有关专项规划的环境影响评价。

2. A 【解析】规划分析的方法主要有：核查表、叠图分析、矩阵分析、专家咨询（如智暴法、德尔斐法等）、情景分析、博弈论、类比分析、系统分析等。

3. C 【解析】环境影响识别与评价指标确定的方式和方法主要有：核查表、矩阵分析、网络分析、系统流图、叠图分析、灰色系统分析、层次分析、情景分析、专家咨询、类比分析、压力—状态—响应分析等。

4. D 【解析】“规划方案中有依据现有知识水平和技术条件无法或难以对其产生的不良环境影响的程度或者范围作出科学、准确判断的内容”也需优化调整。

5. D 【解析】规划分析的方式和方法主要有：核查表、叠图分析、矩阵分析、专家咨询（如智暴法、德尔斐法等）、情景分析、博弈论、类比分析、系统分析等。

6. C 【解析】根据《规划环境影响评价技术导则 总纲》3.2：生态空间指具有自然属性、以提供生态服务或生态产品为主体功能的国土空间，是保障区域生态系统稳定性、完整性，提供生态服务功能的主要区域。森林、湿地、无居民海岛等区域符合该特点。

7. D 【解析】生态环境准入清单指基于环境管控单元，统筹考虑生态保护红线、环境质量底线、资源利用上线的管控要求，以清单形式提出的空间布局、污染物排放、环境风险防控、资源开发利用等方面生态环境准入要求。生态保护红线、环境质量底线、资源利用上线和生态环境准入清单简称“三线一单”。

8. C 【解析】根据《规划环境影响评价技术导则　总纲》，规划环境影响评价原则包括早期介入、过程互动，统筹衔接、分类指导，客观评价、结论科学。

9. C 【解析】根据《规划环境影响评价技术导则　总纲》5.3.2：应分析规划与上层位规划、区域“三线一单”管控要求、战略或规划环评成果的符合性。

10. D 【解析】根据《规划环境影响评价技术导则　总纲》7.2.2：对于可能产生具有易生物蓄积、长期接触对人群和生物产生危害作用的无机和有机污染物、放射性污染物、微生物等的规划，还应识别规划实施产生的污染物与人体接触的途径以及可能造成的人群健康风险。

11．A 【解析】根据《规划环境影响评价技术导则 总纲》7.3.2：结合规划实施的资源、生态、环境等制约因素，从环境质量、生态保护、资源利用、污染排放、风险防控、环境管理等方面构建评价指标体系。经济效益不属于规划环境影响评价体系考虑的方面。

12．C 【解析】根据《规划环境影响评价技术导则 总纲》9.2.2：规划方案的环境合理性论证包括：论证规划目标与发展定位的环境合理性；论证规划规模和建设时序的环境合理性；论证规划布局的环境合理性；论证规划用地结构、能源结构、产业结构的环境合理性；论证规划环境目标的可达性。环境功能区划分属于现状调查内容，不属于环境合理性论证内容。

13．B 【解析】根据《规划环境影响评价技术导则 总纲》10.2：环境影响减缓对策和措施应具有针对性和可操作性，能够知道规划实施中的生态环境保护工作，有效预防重大不良生态环境影响的产生，并促进环境目标在相应的规划期限内可以实现。

二、不定项选择题

1．ABC

2．ABD 【解析】公众参与现场调查不属于现状调查内容。

3．ABCD 【解析】现状分析与评价：专家咨询、指数法（单指数、综合指数）、类比分析、叠图分析、生态学分析法（生态系统健康评价法、生物多样性评价法、生态机理分析法、生态系统服务功能评价方法、生态环境敏感性评价方法、景观生态学法）、灰色系统分析法。

第十章 建设项目环境风险评价技术导则

引言：环境风险评价技术导则每年分值为 4～7 分。《建设项目环境风险评价技术导则》（HJ 169—2018）从 2019 年 3 月开始实施。

一、单项选择题（每题的备选项中，只有一个最符合题意）

1．下列建设项目不适用《建设项目环境风险评价技术导则》的是（　　）。（2010 年考题）

A．核建设项目　　B．铁矿矿山新建项目

C．电子芯片新建项目　　D．钢铁厂高炉扩建项目

2．根据《建设项目环境风险评价技术导则》，属于风险防范设施的是（　　）。（2011 年考题）

A．水泥厂窑尾布袋除尘器　　B．化工厂污水处理站

C．高速公路两侧的声屏障　　D．油库区的围堰

3．根据《建设项目环境风险评价技术导则》，（　　）属于环境风险事故。（2010 年考题）

A．试车期间的超标排放

B．突然停电造成有毒有害物质的泄漏

C．大修前设备、管道吹扫造成的超标排放

D．生活污水处理装置运行异常造成的超标排放

4．下列建设项目中，其环境风险评价不适用《建设项目环境风险评价技术导则》的是（　　）。（2016 年考题）

A．核电站项目　　B．煤化工项目

C．铜冶炼项目　　D．铁矿开采项目

5．根据《建设项目环境风险评价技术导则》（HJ 169—2018），下列适用于该标准的是（　　）。（2019 年考题）

A．土壤风险评价、生态风险评价

B．人体健康风险评价、核与辐射类建设项目的环境风险评价

C．涉及有毒有害危险物质生产、使用、储存（不包括使用管线输运）的建设

项目可能发生的突发性事故（包括人为破坏及自然灾害引发的事故）的环境风险评价

D. 涉及易燃易爆危险物质生产、使用、储存（包括使用管线输运）的建设项目可能发生的突发性事故（不包括人为破坏及自然灾害引发的事故）的环境风险评价

6. 某建设项目处于环境低度敏感区，危险物质及工艺系统危险性为轻度危害，根据《建设项目环境风险评价技术导则》（HJ 169—2018），该项目环境风险评价工作级别为（　　）。（2019 年考题）

A. 一级　　B. 二级

C. 三级　　D. 简单分析

7. 根据《建设项目环境风险评价技术导则》（HJ 169—2018）关于大气环境风险范围确定的原则的说法，错误的是（　　）。（2019 年考题）

A. 大气环境风险一级评价范围为距建设项目边界不低于 5 km 的区域

B. 大气环境风险二级评价范围为距离源点不低于 5 km 的区域

C. 大气环境风险二级评价范围为距建设项目边界不低于 3 km 的区域

D. 大气环境风险三级评价范围为距离源点不低于 3 km 的区域

8. 某新建化工厂平面布局分为一区、二区两个厂区，一区危化品库甲醇储罐设计最大储存量为 25 t、甲硫醇储罐设计最大储存量为 10 t，二区危化品库甲醇储罐设计最大储存量为 35 t、甲硫醇储罐设计最大储量为 20 t。甲醇临界量为 10 t，甲硫醇临界量为 5 t。根据《建设项目环境风险评价技术导则》（HJ 169—2018），该化工厂危险物质总量与其临街量比值（Q）为（　　）。（2019 年考题）

A. 12　　B. 4.5　　C. 7.5　　D. 6

9. 根据《建设项目环境风险评价技术导则》（HJ 169—2018），环境风险管理目标是采用（　　）管控环境风险。（2019 年考题）

A. 最低合理可行原则（ALARP）　　B. 安全经济合理原则

C. 安全经济科学原则　　D. 安全经济技术可行原则

10. 根据《建设项目环境风险评价技术导则》（HJ 169—2018）关于环境风险评价工作等级划分的说法，错误的是（　　）。（2020 年考题）

A. 环境风险潜势为 I 的，不开展评价

B. 环境风险潜势为Ⅱ的，进行三级评价

C. 环境风险潜势为Ⅲ的，进行二级评价

D. 环境风险潜势为Ⅳ及以上的，进行一级评价

11. 根据《建设项目环境风险评价技术导则》（HJ 169—2018），关于风险潜势划分的说法，正确的是（　　）。（2020 年考题）

A．位于环境高度敏感区且危险物质属于高度危害的项目，环境风险潜势为Ⅳ$^{+}$级

B．位于环境高度敏感区且危险物质属于轻度危害的项目，环境风险潜势为Ⅱ级

C．位于环境中度敏感区且工艺系统属于高度危害的项目，环境风险潜势为Ⅲ级

D．位于环境低度敏感区且工艺系统属于中度危害的项目，环境风险潜势为Ⅰ级

12．根据《建设项目环境风险评价技术导则》（HJ 169—2018），风险识别内容不包括（　　）。（2020 年考题）

A．环境风险措施　　B．环境风险类型

C．环境危险单元　　D．可能受影响的环境敏感目标

13．根据《建设项目环境风险评价技术导则》（HJ 169—2018），关于大气环境风险预测的说法，错误的是（　　）。（2020 年考题）

A．一级评价需选择最不利气象条件进行后果预测

B．二级评价需选择最常见气象条件进行后果预测

C．一级评价需选择最常见气象条件进行后果预测

D．二级评价需选择最不利气象条件进行后果预测

二、不定项选择题（每题的备选项中至少有一个符合题意）

1．根据《建设项目环境风险评价技术导则》，生产设施风险识别范围包括（　　）。（2012 年考题）

A．生产装置　　B．贮运系统

C．生产指挥系统　　D．环保设施

2．根据《建设项目环境风险评价技术导则》，下列事故中，属于环境风险事故的有（　　）。（2013 年考题）

A．燃煤火电厂废气处理设施故障　　B．化工厂液氨储罐爆炸

C．电子厂氮气供应系统泄漏　　D．内河 LNG 运输船火灾

3．下列建设项目中，不适用《建设项目环境风险评价技术导则》的有（　　）。（2014 年考题）

A．800 万 t/a 钢铁项目　　B．4 500 t/d 水泥熟料项目

C．2 000 t/d 金矿采选项目　　D．2 000 MW 核电项目

4．下列建设项目中，环境风险评价适用《建设项目环境风险评价技术导则》的有（　　）。（2017 年考题）

A．建材工业建设项目　　B．核电站建设项目

C．化学纤维制造建设项目　　D．有色金属冶炼加工建设项目

5．根据《建设项目环境风险评价技术导则》（HJ 169—2018），风险事故情形设定内容应包括（　　）等。（2019 年考题）

A．环境风险类型　　B．风险源

C．危险单元　　D．危险物质和影响途径

6．根据《建设项目环境风险评价技术导则》（HJ 169—2018），开展环境风险识别应准备和收集的资料有（　　）。（2019年考题）

A．建设项目周边环境资料

B．建设项目工程资料

C．国内外同行业、同类型事故统计分析资料

D．典型事故案例资料

7．根据《建设项目环境风险评价技术导则》（HJ 169—2018），环境风险评价结论与建议内容包括（　　）。（2020年考题）

A．明确环境风险是否可防控

B．提出缓解环境风险的建议措施

C．提出优化调整风险防范措施建议

D．对存在较大环境风险的建设项目，须提出环境影响后评价的要求

参考答案

一、单项选择题

1．A　2．D

3．B　【解析】环境风险事故的概念需抓住"突发性"这个关键词。

4．A　【解析】本规范适用于涉及有毒有害和易燃易爆物质的生产、使用、贮运等的新建、改建、扩建项目和技术改造项目（不包括核建设项目）的环境风险评价。

5．D　【解析】《建设项目环境风险评价技术导则》（HJ 169—2018）的适用范围：本标准适用于涉及有毒有害和易燃易爆危险物质生产、使用、储存（包括使用管线输运）的建设项目可能发生的突发性事故（不包括人为破坏及自然灾害引发的事故）的环境风险评价；本标准不适用于生态风险评价及核与辐射类建设项目的环境风险评价（注：土壤风险、人体健康风险也不适用本导则）。

6．D　【解析】环境风险评价工作等级划分为一级、二级、三级。根据建设项目涉及的物质及工艺系统危险性和所在地的环境敏感性确定环境风险潜势，按照下表确定评价工作等级。风险潜势为Ⅳ及以上，进行一级评价；风险潜势为Ⅲ，进行二级评价；风险潜势为Ⅱ，进行三级评价；风险潜势为Ⅰ，可开展简单分析。

建设项目环境风险潜势划分

环境敏感程度（E）	危险物质及工艺系统危险性 （P）			
	极高危害（P1）	高度危害（P2）	中度危害（P3）	轻度危害（P4）
环境高度敏感区（E1）	Ⅳ$^+$	Ⅳ	Ⅲ	Ⅲ
环境中度敏感区（E2）	Ⅳ	Ⅲ	Ⅲ	Ⅱ
环境低度敏感区（E3）	Ⅲ	Ⅲ	Ⅱ	Ⅰ

评价工作等级划分

环境风险潜势	Ⅳ、Ⅳ$^+$	Ⅲ	Ⅱ	Ⅰ
评价工作等级	一	二	三	简单分析

7. A 【解析】大气环境风险评价范围：一级、二级评价距建设项目边界一般不低于 5 km；三级评价距建设项目边界一般不低于 3 km。

8. A 【解析】计算所涉及的每种危险物质在厂界内的最大存在总量与其临界量的比值 Q。在不同厂区的同一种物质，按其在厂界内的最大存在总量计算。当存在多种危险物质时，则按下式计算物质总量与其临界量比值（Q）：$Q=q_1/Q_1+q_2/Q_2+\cdots+q_n/Q_n$，式中：$q_1$，$q_2$，…，$q_n$——每种危险物质的最大存在总量，t；$Q_1$，$Q_2$，…，$Q_n$—每种危险物质的临界量，t。$Q=$（25+35）/10+（10+20）/5=12。

9. A 【解析】环境风险管理目标是采用最低合理可行原则（ALARP）管控环境风险。

10. A 【解析】根据《建设项目环境风险评价技术导则》（HJ 169—2018）4.3：风险潜势为Ⅳ及以上，进行一级评价；风险潜势为Ⅲ，进行二级评价；风险潜势为Ⅱ，进行三级评价；风险潜势为Ⅰ，可开展简单分析。

11. C 【解析】根据《建设项目环境风险评价技术导则》（HJ 169—2018）6.1：环境风险潜势划分见第 6 题解析。可以记住 4+433；4332；3321（每行都有两种情况是Ⅲ）

12. A 【解析】根据《建设项目环境风险评价技术导则》（HJ 169—2018）7.3：建设项目环境风险识别汇总包括危险单元、风险源、主要危险物质、环境风险类型、环境影响途径、可能受影响的环境敏感目标等。

13. B 【解析】根据《建设项目环境风险评价技术导则》（HJ 169—2018）9.1.1.4：一级评价需选取最不利气象条件及事故发生地的最常见气象条件分别进行后果预测；二级评价需选取最不利气象条件进行后果预测。

二、不定项选择题

1．ABD 【解析】生产设施风险识别是对所有涉及危险性物质的生产装置、公用和辅助工程、贮运系统、环保设施等，均应进行风险识别，即对规定的上述设施各功能单元所有的危险物质，核定其在生产场所和贮存场所的临界量（*t*），并用导则中推荐的有毒物质名称及临界量表，判定功能单元是否属重大危险源，是否具环境风险。

2．BD 【解析】LNG（Liquefied Natural Gas）——液化天然气。

3．D 【解析】《建设项目环境风险评价技术导则》不适用于核建设项目。

4．ACD 【解析】《建设项目环境风险评价技术导则》明确不包括核建设项目。

5．ABCD 【解析】风险事故情形设定内容应包括环境风险类型、风险源、危险单元、危险物质和影响途径等。

6．ABCD 【解析】风险识别资料收集和准备：根据危险物质泄漏、火灾、爆炸等突发性事故可能造成的环境风险类型，收集和准备建设项目工程资料，周边环境资料，国内外同行业、同类型事故统计分析及典型事故案例资料。

7．ABD 【解析】根据《建设项目环境风险评价技术导则》（HJ 169—2018）11.4，环境风险评价结论与建议内容包括：综合环境风险评价专题的工作过程，明确给出建设项目环境风险是否可防控的结论。根据建设项目环境风险可能影响的范围与程度，提出环境风险的建议措施。对存在较大环境风险的建设项目，须提出环境影响后评价的要求。

第十一章　有关固体废物污染控制标准

引言：《一般工业固体废物贮存和填埋污染控制标准》(GB 18599-2020)、《危险废物焚烧污染控制标准》(GB 18484-2020) 于 2020 年 12 月发布，2021 年 7 月实施，因此本书仅收录了历年考题中被替代标准中未发生变化的条款相关的题目，供考生参考。

一、单项选择题（每题的备选项中，只有一个最符合题意）

1．根据《生活垃圾填埋场污染控制标准》，可作为生活垃圾填埋场选址的区域是（　　）。(2010 年考题)

A．一般林地　　B．活动沙丘区

C．国家保密地区　　D．城市工业发展规划区

2．根据《生活垃圾填埋场污染控制标准》，可直接入场进行填埋的废物是（　　）。(2010 年考题)

A．生活垃圾焚烧产生的飞灰　　B．生活垃圾焚烧产生的炉渣

C．危险废物焚烧产生的飞灰　　D．医疗废物焚烧产生的底渣

3．根据《生活垃圾填埋场污染控制标准》，关于生活垃圾转运站渗滤液处理方式，说法正确的是（　　）。(2010 年考题)

A．排到站外的Ⅴ类地表水体中　　B．排到站外的农田灌溉渠中做农肥

C．排入自设的防渗池内，自然蒸发　　D．密闭运输到城市污水处理厂处理

4．下列固体废物处置中，（　　）不适用《危险废物填埋污染控制标准》。(2010 年考题)

A．化工厂的有机淤泥

B．汽车厂的含油废棉丝

C．采矿厂的放射性固体废物

D．皮革制品厂的皮革废物（铬鞣溶剂）

5．下列固体废物处置中，（　　）不适用《危险废物焚烧污染控制标准》(GB 18484—2001)。(2010 年考题)

A．含油污泥　　B．有机磷农药残液

C．含汞废活性炭　　D．含硝酸铵的废活性炭

6．下列固体废物处置中，（　　）适用《一般工业固体废物贮存、处置场污染控制标准》（GB 18599—2001）。（2010 年考题）

A．废衣物　　B．废有机溶剂

C．电厂粉煤灰　　D．废弃电子线路板

7．根据《生活垃圾填埋场污染控制标准》，可考虑作为生活填埋场选址的区域是（　　）。（2011 年考题）

A．山谷荒地　　B．农业发展规划区

C．泥炭区　　D．湿地

8．根据《生活垃圾填埋场污染控制标准》，可以直接进入生活垃圾填埋场处置的废物是（　　）。（2011 年考题）

A．生活垃圾焚烧炉渣（焚烧飞灰除外）

B．禽畜养殖废物

C．未经处理的餐饮废物

D．电子废物及其处理处置残余物

9．根据《危险废物贮存污染控制标准》，下列危险废物贮存设施基础防渗层符合要求的是（　　）。（2011 年考题）

A．0.5 m 厚、渗透系数为 1×10^{-7}cm/s 的黏土层

B．0.5 m 厚、渗透系数为 1×10^{-6}cm/s 的黏土层

C．1 m 厚、渗透系数为 1×10^{-7}cm/s 的黏土层

D．1 m 厚、渗透系数为 1×10^{-6}cm/s 的黏土层

10．根据《危险废物贮存污染控制标准》，关于危险废物贮存设施选址要求，说法正确的是（　　）（2011 年考题）

A．场界应位于居民区 500 m 以外，选址位于居民中心区夏季最大风频的下风向

B．场界应位于居民区 500 m 以外，选址位于居民中心区常年最大风频的下风向

C．场界应位于居民区 800 m 以外，选址位于居民中心区常年最大风频的下风向

D．场界距居民区的距离依环评结论而定，选址位于居民中心区常年最大风频的下风向

11．下列危险废物填埋场选址条件中，符合《危险废物填埋污染控制标准》要求的是（　　）。（2011 年考题）

A．场址与地表水水域的最近距离为 100 m

B．场址位于百年一遇的洪水线以下

C．场址位于城市工业发展规划区

D．场址位于地表水饮用水水源地补给区范围之外，且下游无集中供水井

12. 根据《生活垃圾填埋场污染控制标准》，关于生活垃圾填埋场选址，说法正确的是（　　）。（2012 年考题）

A. 选择在矿产资源储备区

B. 选择在石灰岩溶洞发育带

C. 通过环境影响评价确定与居住区之间合理的防护距离

D. 与居住区的防护距离统一划定为 500 m

13. 下列危险废物贮存设施的选址条件中，符合《危险废物贮存污染控制标准》要求的是（　　）。（2012 年考题）

A. 位于溶洞区

B. 设施底部高于地下水最高水位

C. 位于高压输电线路防护区域内

D. 位于居民中心区常年最大风频的上风向

14. 根据《危险废物填埋污染控制标准》，危险废物填埋场场界（址）与居民区、地表水水域的距离应分别不小于（　　）。（2012 年考题）

A. 500 m、100 m　　B. 800 m、150 m

C. 500 m、150 m　　D. 依据环境影响评价结论确定

15. 根据《生活垃圾填埋场污染控制标准》，可以直接进入生活垃圾填埋场填埋处置的废物是（　　）。（2013 年考题）

A. 畜禽养殖废物　　B. 生活垃圾焚烧炉渣（不包括焚烧飞灰）

C. 医疗废物焚烧残渣　　D. 生活污水处理厂污泥

16. 根据《生活垃圾填埋场污染控制标准》，填埋工作面 2 m 以下高度范围内甲烷的体积百分比应不大于（　　）。（2013 年考题）

A. 0.1%　　B. 0.5%　　C. 1.0%　　D. 5%

17. 下列危险废物贮存设施的选址条件中，符合《危险废物贮存污染控制标准》要求的是（　　）。（2013 年考题）

A. 位于高压输电线防护区域内

B. 位于居民中心区常年最大风频的上风向

C. 设施底部高于地下水最高水位 0.5 m

D. 基础防渗层为 1 m 厚、渗透系数为 1×10^{-5}cm/s 的土层

18. 下列一般工业固体废物Ⅱ类场的选址条件中，符合《一般工业固体废物贮存、处置场污染控制标准》（GB 18599—2001）要求的是（　　）。（2013 年考题）

A. 选在溶洞区

B. 选在湖泊最高水位线以下的滩地

C. 选在天然滑坡或泥石流影响区

D．选择的天然基础层地表距地下水位的距离为 2.0 m

19．下列选址条件中，不符合《生活垃圾填埋场污染控制标准》要求的是（ ）。（2014年考题）

A．标高高于重现期不小于 50 年一遇的洪水位

B．标高高于重现期不小于 20 年一遇的洪水位

C．位于规划的水库淹没区之外

D．位于文物保护区之外

20．下列选址条件中，符合《危险废物贮存污染控制标准》要求的是（ ）。（2014年考题）

A．地质结构稳定，地震烈度不超过 7 度的区域

B．设施底部低于地下水最高水位

C．高压输电线路防护区

D．溶洞区

21．下列固体废物的处置，适用《危险废物填埋污染控制标准》的是（ ）。（2014年考题）

A．危险废物的暂存　　B．石化污水处理厂污泥填埋

C．生活垃圾填埋　　D．医疗废物填埋

22．根据《生活垃圾填埋场污染控制标准》，下列废物中，必须经过处理达到相关要求后，才可进入生活垃圾填埋场填埋处置的是（ ）。（2015年考题）

A．医疗废物焚烧残渣　　B．混合生物垃圾及办公废物

C．生活垃圾焚烧炉渣（不包括焚烧飞灰）　　D．生活垃圾堆肥处理的固态残留物

23．根据《生活垃圾焚烧污染控制标准》，在不影响污染物排放达标和焚烧炉正常运行的前提下，下列废物中，可入炉进行焚烧的是（ ）。（2015年考题）

A．危险废物　　B．医疗废物

C．生活污水处理设施产生的污泥　　D．工业废水处理设施产生的污泥

24．下列固体废物中，不适用《危险废物贮存污染物控制标准》的是（ ）。（2015年考题）

A．砷渣　　B．废油　　C．铅渣　　D．锅炉灰渣

25．下列危险废物填埋场选址条件中，不符合《危险废物贮存污染物控制标准》及其修改单要求的是（ ）。（2015年考题）

A．位于 100 年一遇的洪水标高线以上

B．距地表水水域的距离不应小于 150 m

C．位于地下水饮用水水源主要补给区外

D．天然地层岩性相对均匀、渗透率低

26. 根据《危险废物贮存污染物控制标准》，下列区域中，可作为集中式危险废物焚烧设施备选场址的是（　　）。（2015 年考题）

A. 商业街　　B. 工业园区

C. 风景名胜区　　D. 水源保护区

27. 根据《生活垃圾填埋场污染控制标准》，关于生活垃圾填埋场场址选择要求的说法，错误的是（　　）。（2016 年考题）

A. 应避开废弃的采矿坑　　B. 不应选在农业保护区

C. 不应选在矿产资源储备区　　D. 应避开石灰岩溶洞发育带

28. 掺加生活垃圾的工业窑炉，其污染控制参照执行《生活垃圾焚烧污染控制标准》的前提条件是（　　）。（2016 年考题）

A. 掺加生活垃圾质量须超过入炉（窑）物料总质量的 10%

B. 掺加生活垃圾质量须超过入炉（窑）物料总质量的 20%

C. 掺加生活垃圾质量须超过入炉（窑）物料总质量的 30%

D. 掺加生活垃圾质量须超过入炉（窑）物料总质量的 50%

29. 根据《生活垃圾焚烧污染控制标准》，下列废物中，不符合入炉要求的是（　　）。（2016 年考题）

A. 电子废物及其处理处置残余物

B. 由生活垃圾产生单位自行收集的混合生活垃圾

C. 生活垃圾堆肥处理过程中筛分工序产生的筛出物

D. 食品加工行业产生的性质与生活垃圾相近的一般工业固体废物

30. 下列废物中，其贮存的污染控制及监督管理不适用《危险废物贮存污染控制标准》的是（　　）。（2016 年考题）

A. 医院产生的临床废物

B. 列入《国家危险废物名录》的废物

C. 根据国家规定的鉴别方法认定的具有危险特性的废物

D. 根据国家规定的鉴别方法认定的具有危险特性的尾矿

31. 根据《危险废物贮存污染控制标准》及其修改单，危险废物集中贮存设施的场界与居民区的距离应（　　）。（2016 年考题）

A. 大于 800 m

B. 大于 1 000 m

C. 依据区域环境功能区划确定，并经具有审批权的环境保护主管部门批准

D. 依据环境影响评价结论确定，并经具有审批权的环境保护主管部门批准

32. 根据《危险废物贮存污染控制标准》，下列基础防渗层中，不符合危险废物贮存设施选址与设计要求的是（　　）。（2016 年考题）

A．渗透系数≤10^{-7} cm/s、厚度1 m的黏土层

B．渗透系数≤10^{-7} cm/s、厚度2 m的黏土层

C．渗透系数≤10^{-10} cm/s、厚度1 mm的高密度聚乙烯土工膜

D．渗透系数≤10^{-10} cm/s、厚度2 mm的高密度聚乙烯土工膜

33．根据《生活垃圾填埋场污染控制标准》，关于生活垃圾填埋场选址要求的说法，错误的是（　　）。（2017年）

A．应避开石灰岩溶洞发育带

B．不应选在城市工农业发展规划区

C．与飞机场的距离应在3 000 m以上

D．应位于重现期不小于50年一遇的洪水位之上

34．根据《生活垃圾填埋场污染控制标准》，下列废物中，可以直接进入生活垃圾填埋场填埋处置的是（　　）。（2017年考题）

A．医疗垃圾焚烧残渣　　B．生活垃圾焚烧飞灰

C．企、事业单位产生的办公废物　　D．粪便经处理后的固态残余物

35．根据《生活垃圾焚烧污染控制标准》，确定生活垃圾焚烧厂与敏感对象之间的合理位置关系，可不考虑的因素是（　　）。（2017年考题）

A．有害物质泄漏　　B．可能的事故风险

C．大气污染物产生和扩散　　D．滋养生物（蚊、蝇、鸟类）

36．下列大气污染物中，不属于《生活垃圾焚烧污染控制标准》规定的控制项目是（　　）。（2017年考题）

A．氟化氢　　B．二噁英类

C．一氧化碳　　D．二氧化硫

37．关于《危险废物贮存污染控制标准》及其修改单适用范围的说法，错误的是（　　）。（2017年考题）

A．适用于危险废物的产生者

B．适用于危险废物的经营者

C．适用于产生医疗废物的医院

D．适用于铜矿浮选尾矿的管理者

38．根据《危险废物填埋污染控制标准》及其修改单，关于危险废物填埋场选址要求的说法，正确的是（　　）。（2017年考题）

A．不应选在矿产资源储备区

B．可充分利用废弃矿区作为场址

C．距军事基地的距离应在1 000 m以上

D．可选在符合地质条件要求的农业保护区

39.《固体废物鉴别标准　通则》适用于（　　）。（2018 年考题）

A. 液态废物鉴别　　B. 固体废物分类

C. 危险废物鉴别　　D. 放射性废物分类

40. 根据《固体废物鉴别标准　通则》，不作为固体废物管理的物质是（　　）。（2018 年考题）

A. 焚烧处置的农业废物　　B. 填埋处置的生活垃圾

C. 倾倒、堆置的疏浚污泥　　D. 回填采空区的符合要求的采矿废石

41. 根据《生活垃圾填埋场污染控制标准》，不得在生活垃圾填埋场中填埋处置的是（　　）。（2018 年考题）

A. 餐饮废物

B. 感染性医疗废物

C. 非本填埋场产生的渗滤液

D. 非本填埋场生活污水处理设施产生的污泥

42. 关于《生活垃圾焚烧污染控制标准》适用范围的说法，错误的是（　　）。（2018 年考题）

A. 适用于生活垃圾焚烧厂的设计

B. 适用于生活垃圾焚烧厂环境影响评价

C. 适用于生活垃圾焚烧飞灰经处理后填埋的污染控制

D. 适用于生活污水处理设施产生的污泥专用焚烧炉的污染控制

43. 根据《生活垃圾焚烧污染控制标准》，确定生活垃圾焚烧厂厂址的位置及其与周围人群距离的依据是（　　）。（2018 年考题）

A. 可行性研究报告结论

B. 环境影响评价文件结论

C. 环境影响评价文件技术评估报告结论

D. 当地环境保护主管部门出具的确认函

44. 根据《生活垃圾焚烧污染控制标准》和《生活垃圾填埋场污染控制标准》，关于生活垃圾焚烧厂排放控制要求的说法，错误的是（　　）。（2018 年考题）

A. 生活垃圾焚烧飞灰可进入危险废物填埋场处置

B. 生活垃圾焚烧炉渣可进入危险废物填埋场处置

C. 生活垃圾焚烧飞灰与焚烧炉渣均可进入水泥窑处理

D. 生活垃圾焚烧飞灰与焚烧炉渣均可进入生活垃圾填埋场处置

45. 根据《危险废物贮存污染控制标准》及其修改单，关于危险废物贮存设施选址要求的说法，错误的是（　　）。（2018 年考题）

A. 应避免建在溶洞区

B. 应建在高压输电线路防护区域以外

C. 应位于居民中心区常年最大风频的下风向

D. 场界应位于居民区 800 m 以外，地表水水域 150 m 以外

46.《危险废物填埋污染控制标准》不适用于（　　）。（2018 年考题）

A. 危险废物填埋场的运行　　B. 危险废物填埋场的建设

C. 危险废物贮存的污染控制　　D. 危险废物填埋场的监督管理

47.《一般工业固体废物贮存、处置场污染控制标准》不适用于（　　）。（2018 年考题）

A. 粉煤灰临时堆场的建设　　B. 电镀污泥暂存场的建设

C. 铅锌尾矿库的监督管理　　D. 建筑垃圾场的监督管理

48．根据《固体废物鉴别标准　通则》（GB 34330—2017），关于此标准的适用范围说法正确的有（　　）。（2019 年考题）

A．可以根据本标准对固体废物进行分类

B．可以根据本标准对只有专用固体废物鉴别标准的物质进行固体废物鉴别

C．本标准不适用于放射性废物的鉴别

D．液态废物的鉴别，不适用于本标准

49．根据《固体废物鉴别标准　通则》（GB 34330—2017），以下物质不作为固体废物管理的有（　　）。（2019 年考题）

A．修复和加工即可用于其原始用途的物质

B．贮存后返回到原生产过程或返回其产生过程的物质

C．修复后不能作为土壤用途使用的污染土壤

D．供实验室化验分析用或科学研究用固体废物样品

50．根据《生活垃圾焚烧污染控制标准》，下列废物中，可以进入生活垃圾焚烧炉处置的废物有（　　）。（2019 年考题）

A．电子废物及其处理处置残余物

B．危险废物

C．生活垃圾堆肥处理过程中筛分工序产生的筛上物

D．医疗废物中的感染性废物

51．关于《危险废物贮存污染控制标准》及其修改单适用范围的说法，错误的是（　　）。（2019 年考题）

A．适用于危险废物的产生者　　B．适用于危险废物的经营者

C．适用于放射性废物的处置企业　　D．不适用于铜镍钴尾矿的管理者

52．根据《固体废物鉴别标准　通则》，纳入液态废物管理的物质不包括（　　）。（2020 年考题）

A．油气田采出水经处理达标后排入环境水体的废水

B．石油炼制过程中产生的废酸液、废碱液

C．页岩气开采过程中产生的废压裂液

D．石油开采过程中产生的钻井泥浆

53．根据《生活垃圾填埋场污染控制标准》，生活垃圾填埋场选址的标高一般应位于重现期不少于（　　）的洪水位之上。（2020年考题）

A．10年一遇　　B．20年一遇

C．50年一遇　　D．100年一遇

54．根据《生活垃圾焚烧污染控制标准》，可直接进入生活垃圾焚烧炉进行焚烧处置的是（　　）。（2020年考题）

A．感染性医疗废物

B．一般工业固体废物

C．污水处理设施产生的污泥

D．生活垃圾堆肥处理产生的固态残余物

55．根据《危险废物贮存污染控制标准》，关于危险废物集中贮存设施底部与地下水距离关系的说法，正确的是（　　）。（2020年考题）

A．必须高于地下水最高水位

B．必须高于地下水最高水位1.5 m以上

C．必须高于地下水最高水位1 m以上

D．必须高于地下水最高水位0.5 m以上

二、不定项选择题（每题的备选项中至少有一个符合题意）

1．下列活动中，适用《生活垃圾填埋场污染控制标准》的有（　　）。（2010年考题）

A．新建生活垃圾填埋场建设过程中的污染控制

B．新建生活垃圾填埋场运行过程中的污染控制

C．现有生活垃圾填埋场运行过程中的污染控制

D．与生活垃圾填埋场配套建设的生活垃圾转运站的建设、运行

2．根据《生活垃圾填埋场污染控制标准》，经处理达到相关要求后，可进入生活垃圾填埋场处置的废物有（　　）。（2011年考题）

A．感染性医疗废物　　B．损伤性医疗废物

C．药物性医疗废物　　D．医疗废物焚烧残渣

3．2007年建成的生活垃圾填埋场，其渗滤液排放符合要求的有（　　）。（2011年考题）

A．2011年7月1日起必须自行处理并达标排放

B．2011年7月1日起应预处理达到一定要求后送往符合条件的城市污水处理厂进一步处理

C．2008年7月1日起必须自行处理并达标排放

D．2008年7月1日起至2011年6月30日止可不经预处理直接送往符合条件的城市污水处理厂处理

4．下列固体废物处置，不适用《危险废物填埋污染控制标准》的有（　　）。（2011年考题）

A．医疗废物　　B．放射性废物

C．生活垃圾焚烧炉渣　　D．镍镉电池厂废水处理污泥

5．根据《生活垃圾填埋场污染控制标准》，不能直接入场填埋的废物有（　　）。（2012年考题）

A．液体废物

B．生活垃圾转运站收集的混合生活垃圾

C．生活垃圾堆肥处理产生的固态残余物

D．食品加工产生的与生活垃圾性质相近的一般工业固体废物

6．根据《生活垃圾填埋场污染控制标准》，生活垃圾填埋场水污染物排放必须监控的项目有（　　）。（2013年考题）

A．氨氮　　B．色度（稀释倍数）

C．总氮　　D．总铁

7．根据《生活垃圾填埋场污染控制标准》，生活垃圾填埋场选址应避开（　　）。（2014年考题）

A．矿产资源储备区　　B．地质条件良好的山谷

C．石灰岩溶洞发育带　　D．尚未稳定的冲积扇及冲沟地区

8．根据《生活垃圾填埋场污染控制标准》，与生活垃圾填埋场配套建设的生活垃圾转运站产生的渗滤液经收集后，可采取的处理措施有（　　）。（2015年考题）

A．密闭运输至城市污水处理厂处理

B．直接排入设置城市污水处理厂的城市排水系统

C．密闭运输至生活垃圾填埋场渗滤处理站处理

D．在转运站内对渗滤液进行处理并达到相关要求后，排入城市排水管网进入城市污水处理厂处理

9．下列大气污染物中，属于《生活垃圾焚烧污染控制标准》控制项目的有（　　）。（2015年考题）

A．颗粒物　　B．氮氧化物　　C．硫化物　　D．氯化氢

10．根据《生活垃圾填埋场污染控制标准》，下列废物中，可以直接进入生活垃圾填埋场填埋处置的有（　　）。（2016 年考题）

A．生活垃圾焚烧炉渣　　B．生活垃圾焚烧飞灰

C．企、事业单位产生的办公废物　　D．生活垃圾堆肥处理产生的固态残余物

11．根据《一般工业固体废物贮存、处置场污染控制标准》，下列固体废物浸出试验结果中，可判断固体废物为第Ⅱ类一般工业固体废物的是（　　）。（2016 年考题）

A．浸出液 pH = 6.5

B．浸出液 pH = 9.5

C．浸出液中总锌浓度超过《污水综合排放标准》最高允许排放浓度

D．浸出液中总砷浓度超过《污水综合排放标准》最高允许排放浓度

12．根据《生活垃圾焚烧污染控制标准》，关于焚烧厂生活垃圾渗滤液和车辆清洗废水排放控制要求的说法，错误的有（　　）。（2017 年考题）

A．车辆清洗废水可在生活垃圾焚烧厂内处理

B．生活垃圾渗滤液不得在生活垃圾焚烧厂内处理

C．车辆清洗废水可送至生活垃圾填埋场渗滤液处理设施处理

D．生活垃圾渗滤液可送至生活垃圾填埋场渗滤液处理设施处理

13．根据《生活垃圾填埋场污染控制标准》，关于生活垃圾填埋场选址要求的说法，错误的是（　　）。（2019 年考题）

A．天然基础层地表距地下水位的距离不得小于 1.5 m

B．地下水位应在不透水层 3 m 以下

C．应位于百年一遇的洪水标高线以上

D．应位于重现期不小于 50 年一遇的洪水位之上

14．根据《危险废物填埋污染控制标准》及其修改单，危险废物填埋场在选址时应避开的区域有（　　）。（2019 年考题）

A．石灰溶洞发育带　　B．活动沙丘区

C．湿地和低洼汇水处　　D．冲积扇及冲沟地区

15．根据《危险废物填埋污染控制标准》，关于填埋场选址的说法，正确的有（　　）。（2020 年考题）

A．刚性填埋场可选在稳定的冲积扇地区

B．刚性填埋场可选在高压缩性淤泥区域

C．刚性填埋场选址的标高可位于重现期不小于 50 年一遇的洪水位之上

D．刚性填埋场可选在废弃矿区

参考答案

一、单项选择题

1．A

2．B 【解析】生活垃圾焚烧飞灰和医疗废物焚烧残渣（包括飞灰、底渣）经处理后满足一定条件，可以进入生活垃圾填埋场填埋处置。

3．D 【解析】生活垃圾转运站产生的渗滤液经收集后，可采用密闭运输送到城市污水处理厂处理、通过城市排水管道进入城市污水处理厂处理或者自行处理等方式。

4．C

5．D 【解析】易爆和放射性的危险废物不可燃烧。含硝酸铵的废活性炭具有爆炸性，不适用。

6．C 【解析】选项 B 和 D 属危险废物。

7．A 8．A 9．C

10．D 【解析】对原题的 C、D 选项进行了修改。如果在 2011 年，此题的答案应为 C，但如果现在回答此题，则应选 D。因为 2013 年 6 月 8 日环境保护部颁布了《危险废物贮存污染控制标准》(GB 18597—2001）修改单。修改单的核心内容是：应依据环境影响评价结论确定危险废物集中贮存设施的位置及其与周围人群的距离，并经具有审批权的环境保护行政主管部门批准，并可作为规划控制的依据。

11．D

12．C 【解析】按《危险废物填埋污染控制标准》修改单（环境保护部公告 2013 年第 36 号）的规定，D 选项即使正确，也不能选。

13．B

14．D 【解析】对原题的 B、D 选项进行了修改。如果在 2012 年，此题的答案应为 B，但如果现在回答此题，则应选 D。按《危险废物填埋污染控制标准》修改单（环境保护部公告 2013 年第 36 号）的规定：《危险废物填埋污染控制标准》（GB 18598—2001）第 4.4 条、第 4.5 条、第 4.7 条合并为一条，内容修改为：危险废物填埋场场址的位置及与周围人群的距离应依据环境影响评价结论确定，并经具有审批权的环境保护行政主管部门批准，并可作为规划控制的依据。

15．B 【解析】此考点为高频考点。

16．A

17．C 【解析】选项 D 的正确说法是：基础防渗层厚为 1 m、渗透系数为

1×10^{-7}cm/s 的土层。

18．D

19．B　【解析】生活垃圾填埋场选址的标高应位于重现期不小于 20 年一遇的水位之上。

20．A　【解析】危险废物贮存设施选址要求包括：应选在地质结构稳定，地震烈度不超过 7 度的区域内；设施底部必须高于地下水最高水位；应避免建在溶洞区或易遭受严重自然灾害（如洪水、滑坡、泥石流、潮汐等）影响的地区；应建在易燃、易爆等危险品仓库、高压输电线路防护区域以外。

21．B

22．A　【解析】选项 B、C、D 均可以直接填埋，只有 A 选项必须经处理达到相关要求后，方可进入生活垃圾填埋场填埋处置。

23．C　【解析】掺加生活垃圾质量超过入炉（窑）物料总质量 30%的工业炉窑以及生活污水处理设施产生的污泥、一般工业固体废物的专用焚烧炉的污染控制都可参照《生活垃圾焚烧污染控制标准》执行。

24．D　【解析】A、B、C 选项均为危险废物，D 不属于危险废物。

25．B　【解析】根据《危险废物贮存污染物控制标准》修改单（环境保护部公告 2013 年第 36 号），污染源与敏感区域之间的具体距离应根据污染源的性质和当地的自然、气象条件等因素，通过环境影响评价确定。

26．B

27．A

28．C　【解析】掺加生活垃圾质量超过入炉（窑）物料总质量 30%的工业窑炉以及生活污水处理设施产生的污泥、一般工业固体废物的专用焚烧炉的污染控制参照本标准执行。

29．A　【解析】危险废物和电子废物及其处理处置残余物不得在生活垃圾焚烧炉中进行焚烧处置。

30．D　【解析】该标准适用于所有的危险废物（尾矿除外）贮存的污染控制及监督管理，适用于危险废物的产生者、经营者和管理者。

31．D

32．C　【解析】集中贮存的废物堆选址应满足：基础必须防渗，防渗层为至少 1 m 厚黏土层（渗透系数≤10^{-7} cm/s），或 2 mm 厚高密度聚乙烯，或至少 2 mm 厚的其他人工材料（渗透系数≤10^{-10}cm/s）等要求。

33．C　【解析】选项 C 没有明确的距离，由环境影响评价来确定距离。

34．C

35．D　【解析】在对生活垃圾焚烧厂厂址进行环境影响评价时，应重点考虑生活垃圾焚烧厂内各设施可能产生的有害物质泄漏、大气污染物（含恶臭物质）的产生与扩散以及可能的事故风险等因素，根据其所在地区的环境功能区类别，综合评价其对周围环境、居住人群的身体健康、日常生活和生产活动的影响，确定生活垃圾焚烧厂与常住居民居住场所、农用地、地表水体以及其他敏感对象之间合理的位置关系。

36．A 【解析】氯化氢属控制项目，但氟化氢不属于。

37．D 【解析】尾矿不适用《危险废物贮存污染控制标准》。

38．A

39．A 【解析】《固体废物鉴别标准 通则》规定了依据产生来源的固体废物鉴别准则、在利用和处置过程中的固体废物鉴别准则、不作为固体废物管理的物质、不作为液态废物管理的物质以及监督管理要求。本标准适用于物质（或材料）和物品（包括产品、商品）（以下简称物质）的固体废物鉴别。液态废物的鉴别，适用于本标准。本标准不适用于放射性废物的鉴别。本标准不适用于固体废物的分类。对于有专用固体废物鉴别标准的物质的固体废物鉴别，不适用于本标准。危险废物鉴别有专用鉴别标准。放射性废物不属于固体废物，故本标准不适用于放射性废物的分类。

40．D 【解析】按照以下方式进行处置后的物质，不作为固体废物管理：金属矿、非金属矿和煤炭采选过程中直接留在或返回到采空区的符合《一般工业固体废物贮存、处置场污染控制标准》（GB 18599）中第Ⅰ类一般工业固体废物要求的采矿废石、尾矿和煤矸石。但是带入除采矿废石、尾矿和煤矸石以外的其他污染物质的除外。

41．C 【解析】未经处理的餐饮废物、除本填埋场产生的渗滤液之外的任何液态废物和废水不得在生活垃圾填埋场中填埋处置。非本填埋场生活污水处理设施产生的污泥、感染性医疗废物处理后满足相关要求可以在生活垃圾填埋场中填埋处置。

42．C 【解析】《生活垃圾焚烧污染控制标准》规定了生活垃圾焚烧厂的选址要求、技术要求、入炉废物要求、运行要求、排放控制要求、监测要求、实施与监督等内容。本标准适用于生活垃圾焚烧厂的设计、环境影响评价、竣工验收以及运行过程中的污染控制及监督管理。掺加生活垃圾质量超过入炉（窑）物料总质量30%的工业窑炉以及生活污水处理设施产生的污泥、一般工业固体废物的专用焚烧炉的污染控制参照本标准执行。生活垃圾焚烧飞灰经处理后，符合相关要求送生活垃圾填埋场填埋处置的污染控制适用于《生活垃圾填埋场污染控制标准》，符合相关要求送危险废物填埋场填埋处置的污染控制适用于《危险废物填埋污染控制标准》。

43．B 【解析】应依据环境影响评价结论确定生活垃圾焚烧厂厂址的位置及其与周围人群的距离。经具有审批权的环境保护行政主管部门批准后，这一距离可作为规划控制的依据。

44．B　【解析】生活垃圾焚烧飞灰经处理后满足《生活垃圾填埋场污染控制标准》规定的相关条件可进入生活垃圾填埋场填埋处置；生活垃圾焚烧飞灰作为危险废物可进入危险废物填埋场处置；生活垃圾焚烧炉渣（不包括焚烧飞灰）可以直接进入生活垃圾填埋场填埋处置；利用水泥窑可协同处置危险废物、生活垃圾（包括废塑料、废橡胶、废纸、废轮胎等）、城市和工业污水处理污泥、动植物加工废物、受污染土壤、应急事件废物等固体废物。

45．D　【解析】危险废物贮存设施的选址要求：应避免建在溶洞区或易遭受严重自然灾害（如洪水、滑坡，泥石流、潮汐等）影响的地区；应在易燃、易爆等危险品仓库、高压输电线路防护区域以外；应位于居民中心区常年最大风频的下风向；应依据环境影响评价结论确定危险废物集中贮存设施的位置及其与周围人群的距离，并经具有审批权的环境保护行政主管部门批准，并可作为规划控制的依据。在对危险废物集中贮存设施场址进行环境影响评价时，应重点考虑危险废物集中贮存设施可能产生的有害物质泄漏、大气污染物（含恶臭物质）的产生与扩散以及可能的事故风险等因素，根据其所在地区的环境功能区类别，综合评价其对周围环境、居住人群的身体健康、日常生活和生产活动的影响，确定危险废物集中贮存设施与常住居民居住场所、农用地、地表水体以及其他敏感对象之间合理的位置关系。

46．C　【解析】《危险废物填埋污染控制标准》适用于危险废物填埋场的建设、运行及监督管理。危险废物贮存的污染控制适用于《危险废物贮存污染控制标准》。

47．B　【解析】《一般工业固体废物贮存、处置场污染控制标准》（GB 18599—2001）适用于新建、扩建、改建及已经建成投产的一般工业固体废物贮存、处置场的建设、运行和监督管理。不适用于危险废物的贮存、处置设施和生活垃圾填埋场。电镀污泥属于危险废物。

48．C　【解析】《固体废物鉴别标准　通则》（GB 34330—2017）的适用范围：本标准规定了依据产生来源的固体废物鉴别准则、在利用和处置过程中的固体废物鉴别准则、不作为固体废物管理的物质、不作为液态废物管理的物质以及监督管理要求。本标准适用于物质（或材料）和物品（包括产品、商品）（以下简称物质）的固体废物鉴别。液态废物的鉴别，适用于本标准。本标准不适用于放射性废物的鉴别。本标准不适用于固体废物的分类。对于有专用固体废物鉴别标准的物质的固体废物鉴别，不适用于本标准。

49．D　【解析】以下物质不作为固体废物管理：（1）任何不需要修复和加工即可用于其原始用途的物质，或者在产生点经过修复和加工后满足国家、地方制定或行业通行的产品质量标准并且用于其原始用途的物质；（2）不经过贮存或堆积过程，而在现场直接返回到原生产过程或返回其产生过程的物质；（3）修复后作为土壤用途使用的污染土壤；（4）供实验室化验分析用或科学研究用固体废物样品。

50．C 【解析】生活垃圾焚烧厂的入炉废物要求：（1）下列废物可以直接进入生活垃圾焚烧炉进行焚烧处置：① 由环境卫生机构收集或者生活垃圾产生单位自行收集的混合生活垃圾；② 由环境卫生机构收集的服装加工、食品加工以及其他为城市生活服务的行业产生的性质与生活垃圾相近的一般工业固体废物；③ 生活垃圾堆肥处理过程中筛分工序产生的筛上物，以及其他生化处理过程中产生的固态残余组分；④ 按照 HJ/T 228、HJ/T 229、HJ/T 276 要求进行破碎毁形和消毒处理并满足消毒效果检验指标的《医疗废物分类目录》中的感染性废物。（2）在不影响生活垃圾焚烧炉污染物排放达标和焚烧炉正常运行的前提下，生活污水处理设施产生的污泥和一般工业固体废物可以进入生活垃圾焚烧炉进行焚烧处置，焚烧炉排放烟气中污染物浓度执行表 4 规定的限值。（3）下列废物不得在生活垃圾焚烧炉中进行焚烧处置：危险废物，本标准 1 条规定的除外；电子废物及其处理处置残余物。生态环境部另有规定的除外。

51．C 【解析】《危险废物贮存污染控制标准》及其修改单适用于所有危险废物（尾矿除外）贮存的污染控制及监督管理，适用于危险废物的产生者、经营者和管理者。放射性废物不属于危险废物。

52．A 【解析】根据《固体废物鉴别标准 通则》第 7 条，不作为液态废物管理的物质包括：① 满足相关法规和排放标准要求可排入环境水体或者市政污水管网和处理设施的废水、污水；② 经过物理处理、化学处理、物理化学处理和生物处理等废水处理工艺处理后，可以满足向环境水体或市政污水管网和处理设施排放的相关法规和排放标准要求的废水、污水；③ 废酸、废碱中和处理后产生的满足上述条款要求的废水。因此油气田采出水经处理达标后排入环境水体的废水属于不作为液态废物管理的物质。

53．C 【解析】根据《生活垃圾填埋场污染控制标准》4.3：生活垃圾填埋场选址的标高应位于重现期不小于 50 年一遇的洪水位之上，并建设再长远规划中的水库等人工蓄水设施的淹没区和保护区之外。

54．D 【解析】根据《生活垃圾焚烧污染控制标准》6.1：可以直接进入生活垃圾焚烧炉进行焚烧处置的有：① 由环境卫生机构收集或者生活垃圾产生单位自行收集的混合生活垃圾；② 由环境卫生机构收集的服装加工、食品加工以及其他为城市生活服务的行业产生的性质与生活垃圾相近的一般工业固体废物；③ 生活垃圾堆肥处理过程中筛分工序产生的筛上物，以及其他生化处理过程中产生的固态参与组分；④ 按照 HJ/T 228、HJ/T 229、HJ/T 276 要求进行破碎毁形和消毒处理并满足消毒效果检验指标的《医疗废物分类目录》中的感染性废物。

55．A 【解析】根据《危险废物贮存污染控制标准》6.1.2：危险废物贮存设施底部必须高于地下水最高水位。

二、不定项选择题

1．ABCD 2．AD 3．A 4．ABC
5．A 6．ABC 7．ACD 8．AD 9．AC

10．ACD 【解析】生活垃圾焚烧飞灰和医疗废物焚烧残渣（包括飞灰、底渣）经处理后满足相应条件后，可以进入生活垃圾填埋场填埋处置。

11．BCD 【解析】Ⅱ类工业固体废物：按照 GB 5086.1～5086.2—1997 规定的方法进行浸出试验而获得的浸出液中，有一种或一种以上的污染物浓度超过 GB 8978—1996 最高允许排放浓度，或者是 pH 在 6～9 之外的一般工业固体废物。

12．B 【解析】生活垃圾渗滤液和车辆清洗废水应收集并在生活垃圾焚烧厂内处理或送至生活垃圾填埋场渗滤液处理设施处理，处理后满足 GB 16889 表 2 的要求（如厂址在符合 GB 16889 中第 9.1.4 条要求的地区，应满足 GB 16889 表 3 的要求）后，可直接排放。

13．ABC 【解析】生活垃圾填埋场选址的标高应位于重现期不小于 50 年一遇的洪水位之上，并建设在长远规划中的水库等人工蓄水设施的淹没区和保护区之外。危险废物填埋场场址选择应位于百年一遇的洪水标高线以上，地下水位应在不透水层 3 m 以下。一般工业固体废物贮存、处置场Ⅱ类场天然基础层地表距地下水位的距离不得小于 1.5 m。

14．AB 【解析】填埋场场址不得选在以下区域：① 破坏性地震及活动构造区、海啸及涌浪影响区；② 湿地；③ 地应力高度集中、地面抬升或沉降速率快的地区；④ 石灰溶洞发育带；⑤ 废弃矿区、塌陷区；⑥ 崩塌、岩堆、滑坡区；⑦ 山洪、泥石流影响地区；⑧ 活动沙丘区；⑨ 尚未稳定的冲积扇、冲沟地区及其他可能危及填埋场安全的区域。

15．AB 【解析】根据《危险废物填埋污染控制标准》（GB 18598—2019）4.4 条：填埋场场址不得选在尚未稳定的冲积扇、冲沟地区及其他可能危及填埋场安全的区域。4.7 条：填埋场场址不应选在高压缩性淤泥、泥炭及软土区域，刚性填埋场选址除外。

参考文献

[1] 生态环境部．环境影响评价工程师职业资格考试大纲（2021 年版）．北京：中国环境出版集团，2021．

[2] 生态环境部环境工程评估中心．环境影响评价技术导则与标准（2021 年版）．北京：中国环境出版集团，2021．

[3] 环境保护部．建设项目环境影响评价技术导则　总纲（HJ 2.1—2016）．北京：中国环境出版社，2016．

[4] 生态环境部．环境影响评价技术导则　大气环境（HJ 2.2—2018）．北京：中国环境出版集团，2019．

[5] 生态环境部．环境影响评价技术导则　地表水环境（HJ 2.3—2018）．北京：中国环境出版集团，2019．

[6] 环境保护部．环境影响评价技术导则　地下水环境（HJ 610—2016）．北京：中国环境出版社，2016．

[7] 环境保护部．环境影响评价技术导则　声环境（HJ 2.4—2009）．北京：中国环境科学出版社，2010．

[8] 生态环境部．环境影响评价技术导则　土壤环境（试行）（HJ 964—2018）．北京：中国环境出版集团，2018．

[9] 环境保护部．环境影响评价技术导则　生态影响（HJ 19—2011）．北京：中国环境科学出版社，2011．

[10] 生态环境部．规划环境影响评价技术导则　总纲（HJ 130—2019）．北京：中国环境出版集团，2019．

[11] 生态环境部．建设项目环境风险评价技术导则（HJ 169—2018）．北京：中国环境出版集团，2018．